ISBN 978-3-662-22932-3   ISBN 978-3-662-24874-4 (eBook)
DOI 10.1007/978-3-662-24874-4

Die in den Sitzungsberichten Abtlg. I und Abtlg. II der math.-nat. Klasse der Österr. Ak. d. Wiss. erscheinenden Abhandlungen werden auch einzeln abgegeben. Sie können durch jede Buchhandlung oder direkt durch die Auslieferungsstelle der Österreichischen Akademie der Wissenschaften (Wien I, Singerstraße 12) bezogen werden.

Nachfolgende Abhandlungen aus dem Fach der **Zoologie** sind erschienen:

1957 (S I Bd. 166):

Kühnelt W.: Weiß als Strukturfarbe bei Wüstentenebrioniden (mit einem Beitrag von C. Koch, Pretoria) (mit 1 Tafel). S 8.60

1958 (SI Bd. 167):

Amsel Hans Georg: Ergebnisse der Österreichischen Iran-Expedition 1949/50. Lepidoptera II. (Microlepidoptera) (mit 1 Tafel und 7 Textabbildungen). S 12.60
Beier Max, Reimoser E. und Kritscher E.: Zoologische Studien in West-Griechenland. VII. Teil Araneae. S 5.70
Beier Max und Scheerpeltz Otto: Zoologische Studien in West-Griechenland. VIII. Staphylinidae (Col.) (mit 1 Textabbildung). S 48.30
Brehm V.: Bemerkungen zu einigen Kopepoden Südamerikas (mit 5 Textabbildungen). S 25.60
Brehm V.: Die systematischen Verhältnisse bei Notodiaptomus Anisitsi Daday und perelegans Wright (mit 4 Textabbildungen). S 10.50
Löffler Heinz: Die Klimatypen des holomiktischen Sees und ihre Bedeutung für zoogeographische Fragen (mit 1 Textabbildung und 1 Beilage). S 27.30
Mihelčič Franz: Zoologisch-systematische Ergebnisse der Studienreise von H. Janetschek und W. Steiner in die spanische Sierra Nevada 1954, IX. Milben (Acarina) (mit 10 Textabbildungen). S 21.60
Nemenz Harald: Beitrag zur Kenntnis der Spinnenfauna des Seewinkels (Burgenland, Österreich) (mit 3 Textabbildungen). S 27.30
Reisser Hans: Ergebnisse der Österreichischen Iran-Expedition 1949/50. Lepidoptera I. (Macrolepidoptera) (mit 44 Abbildungen auf 9 Tafeln und 1 Karte). S 57.70
Scheminzky F. und Stipperger H.: Über die Fluoreszenz der Eihäute beim Weberknecht Gyas annulatus (mit 1 Textabbildung und 1 Tafel). S 8.10
Schuster Reinhart: Beitrag zur Kenntnis der Milbenfauna (Oribatei) in pannonischen Trockenböden (mit 4 Textabbildungen). S 12.60
Viets O. Kurt: Wassermilben aus der Schwechat (Wienerwald) (mit 20 Textabbildungen). S 19.80

1959 (S I Bd. 168):

Baumgartner-Gamauf Margaretha: Einige ufer- und wasserbewohnende Collembolen des Seewinkels. S 5.80
Beier Max und Wagner W.: Zoologische Studien in Westgriechenland. IX. Teil. Homoptera (mit 63 Textabbildungen). S 22.60
Brehm V.: Bemerkungen zu einigen Kopepoden Südamerikas (mit 25 Textabbildungen). S 25.90
Brehm V.: Contribution à l'étude de faune d'Afghanistan Nr.17 (mit 12 Textabbildungen). S 18.90
Eiselt Josef: Entomolepis adriae n. sp., ein Beitrag zur Kenntnis der kaum bekannten Gattungen siphonostomer Cyclopoiden: Entomolepis, Lepeopsyllus und Parmulodes (Copepoda, Crust.) (mit 4 Textabbildungen). S 19.10
Löffler Heinz: Zur Limnologie. Entomostraken- und Rotatorienfauna des Seewinkelgebietes (Burgenland Österreich) (mit 5 Textabbildungen und 4 Tafeln). S 60.20
Remaudière Georges: Zoologisch-systematische Ergebnisse der Studienreise von H. Janetschek und W. Steiner in die spanische Sierra Nevada 1954. XI. Homoptera, Aphidoidea (mit 12 Textabbildungen). S 9.70
Schubart Otto: Zoologisch-systematische Ergebnisse der Studienreise von H. Janetschek und W Steiner in die spanische Sierra 1954. XII. Diplopoda (mit 9 Textabbildungen). S 16.50
Schuster Reinhart: Ökologisch-faunistische Untersuchungen an den bodenbewohnenden Kleinarthropoden (speziell Oribatiden) des Salzlachengebietes im Seewinkel (mit 6 Textabbildungen). S 45.40
Steiner Walter: Zoologisch-systematische Ergebnisse der Studienreise von H. Janetschek und W. Steiner in die spanische Sierra Nevada 1954. X. Springschwänze (Collembola) (mit 5 Textabbildungen). S 12.90
Wettstein-Westersheimb Otto: Die alpinen Erdmäuse. S 10.—

1960 (S I Bd. 169):

Abel W.: Biophysikalische Gesetzmäßigkeiten am Vogelei (Das Aktivstufengesetz und Energiegesetz) (mit 20 Abbildungen, davon 2 Abbildungen auf 1 Tafel). S 60.—
Nemenz H.: Experimente zur Ionenregulation der Larve von Ephydra cinerea Jones (Dipt.) (mit 7 Textabbildungen). S 20.30
Viets O. Kurt: Kleine Sammlungen von Wassermilben (Hydrachnellae und Porohalacaridae aus Österreich (mit 9 Textabbildungen). S 17.—

Über die Beziehungen mariner Fische zu Hartbodenstrukturen

von E. F. Abel

(Aus dem 2. Zoologischen Institut der Universität Wien)

(mit 5 Abbildungen im Text)

(Vorgelegt in der Sitzung vom 22. Juni 1961)

Einleitung und Fragestellung

Trotz zahlreicher Untersuchungen, welche einzelne marine Fischarten oder ein bestimmtes Problem, wie Bewegung, Färbung, Fortpflanzungsbiologie usw., zum Gegenstand hatten, liegen erst in neuerer Zeit Versuche vor, über die Ökologie mariner Fische eines bestimmten Lebensraumes Aussagen zu machen, d. h. eine umfassende Darstellung der Beziehungen der Fischfauna zu ihrer Umgebung zu geben. Da es bereits große Schwierigkeiten bereitet, eine vollständige Autökologie der einzelnen Arten zu ermitteln, steht es von vornehrein fest, daß allgemeine ökologische Darstellungen einer Fischfauna nur eine Annäherung an die tatsächlichen Verhältnisse zu geben vermögen; aus diesem Blickwinkel sind die Untersuchungen an Bewohnern von Korallenriffen (Hiatt u. Strasburg 1960, Abel, 1960a) und Fischen der Felsküste des Mittelmeeres (Abel 1959, 1962 im Druck) zu verstehen. Andererseits scheint der Wunsch gerechtfertigt, lieber einen lückenhaften Überblick ökologischer Beziehungen der Fische in ihrer Landschaft zu gewinnen als auf einen solchen ganz zu verzichten. Wenn wir uns dieser Auffassung anschließen und die vorliegenden Ergebnisse der Studien an Korallenriffen und Felsaufbauten betrachten, drängt sich ein Vergleich dieser anscheinend so grundverschiedenen Lebensräume und ihrer Bewohner auf, um die Frage nach Gleich- und Besonderheiten im Beziehungssystem der Fische zu ihrem Substrat der Hartbodenstrukturen zu stellen.

Methodik und Material

Die Untersuchungen wurden im natürlichen Milieu der Tiere angestellt, wobei einzelne Experimente durch Schwimmtauchen im Freiwasser und ergänzende Versuche in Aquarien durchgeführt wurden. Die Artenliste der Fische an Korallenriffen im Roten Meer erhebt keinen Anspruch auf Vollständigkeit, da schätzungsweise 30% der vorhandenen Arten nicht erfaßt wurden; diese Lücke kann jedoch annäherungsweise durch die umfangreichen diesbezüglichen Erhebungen an den Korallenriffen der Marschall-Inseln durch HIATT u. STRASBURG (1960) ausgeglichen werden. Dabei ist festzuhalten, daß diese Autoren ein weitaus größeres Untersuchungsgebiet und auch Fische, welche nicht als Riffbewohner anzusehen sind, berücksichtigt haben. Die Bestandsaufnahme der speziell untersuchten Bucht im Golf von Neapel darf hingegen als vollständig bezeichnet werden, wenn man eine jahrelange Aufsammlung an der gleichen Örtlichkeit dafür ausreichend erachtet; selbstredend wurden die Beobachtungen an Fischen anderer Gebiete, ebenso die durch andere Autoren mitberücksichtigt, um eine möglichst breite Vergleichsbasis für Korallenfische und Fische der Felsriffe zu erlangen.

Im folgenden werden zur Erleichterung der Darstellung die Lebensräume Rotes Meer mit R. M. und Mittelmeer mit M. M. bezeichnet.

Die Untersuchungsgebiete

Kernpunkte vorliegender Betrachtungen sind die Bewohner der Korallenriffe bei Ghardaqa (R. M.) und der Bucht „il Quercio" im felsigen Steilufer des Golfes von Neapel (M. M.), über deren Verhalten und Ökologie bereits ausführlich berichtet wurde.

Beiden Untersuchungsgebieten **gemeinsam** sind die Hartboden-Aufbauten, die geringe Wassertiefe (0—10 m), eingestreute Sandbiotope und anschließende Seegraswiesen. Kompakte geschlossene Felsflächen im R. M. (alte Riffdächer), die mitunter schütteren Seegras-Aufwuchs tragen, und Geröll-Landschaften aus Gesteinstrümmern künstlicher Aufbauten (Molo, Dämme großer Freiland-Pools) bieten gute Vergleichsmöglichkeiten mit ähnlichen Landschaftselementen im M. M. und mit den Korallenriffen in unmittelbarer Nähe. Augenfällige **Unterschiede** sind gegeben durch das Fehlen der geschlossenen Algenrasen im R. M., welche an den Felswänden im M. M. charakteristische Bestände bilden können (Cystosiren, *Dictyopteris* u. a.), und das Fehlen der Schotterbänke. Umgekehrt mangelt dem Felsufer des M. M. die extreme Mannigfaltigkeit der Hartbodengliederung, welche die verschiedenen Korallenwuchsformen, namentlich in geschlossenen Formationen, bedingen. Neben diesen Landschaftsunterschieden ist eine beachtenswerte Klimadifferenz vorhanden, obwohl die Wassertemperatur an der Riffoberfläche bei Ghardaqa im Winter bis zu 15°C absinken soll und die Windwellen in den Seichtwassergebieten eine Trübung hervorrufen können, die der an den Steilufern im M. M. nicht nachsteht. Extreme Wassertrübungen, wie sie im Seichtwasser des M. M. durch Unwetter hervorgerufen werden, dürften aber im R. M. fehlen; insbesondere, da durch die wasserbrechenden Strukturen ausgedehnter Korallenriffe Stillwassergebiete innerhalb derselben bestehen, welche kaum ein Äquivalent im Felsufer des M. M. haben und die eine besondere Klarheit des Wassers und damit eine erhöhte Lichtdurchdringung aufweisen. Neben den allgemein höheren Temperaturen wird das Wasser durch die seicht liegenden horizontalen Riffdächer zusätzlich aufgewärmt, was im M. M. auf einen relativ schmalen Uferstreifen beschränkt bleibt. Im Durchschnitt dürfte die Temperatur im R. M. um mindestens 5°C höher liegen; außerdem war beim Tauchen an den Korallenriffen kein auffälliger Temperatursprung zu merken, wie dies im M. M. im Sommer bei ca. 10 m Tiefe die Regel ist.

Die Fischfaunen

Ein grober Vergleich der Artenlisten von den Korallenriffen bei Ghardaqa und der Bucht im M. M. zeigt unter Berücksichtigung der Fehlerquellen eine ca. doppelt so große Artenzahl am Korallenriff. Ein ähnliches Verhältnis ergibt sich, wenn wir felsbodenbewohnende Mittelmeerfische, die nicht in der untersuchten Bucht registriert wurden, in Rechnung stellen und dafür das umfangreiche Sammlungsmaterial von HIATT u. STRASBURG, das über 200 Riffbewohner umfaßt, berücksichtigen. Neben diesem Artenreichtum fällt die außerordentlich hohe Populationsdichte einzelner Arten auf, welche der allgemeinen Regel einer Individuenarmut bei gleichzeitigem Artenreichtum zu widersprechen scheint. Hier sei das massenhafte Auftreten von *Chromis caeruleus*, *Acanthurus sohal*, *Zebrasoma xanthurum* und *Anthias squamipinnis* genannt. Die Menge dieser Fischarten an einer Örtlichkeit werden im M. M. nur gelegentlich von *Chromis chromis* annähernd erreicht; das Zusammenrotten zu umfangreichen Schwärmen, wie es bei *Zebrasoma xanthurum* zu beobachten ist, wird im M. M. — ebenfalls annähernd — von *Oblata melanura* gezeigt.

Bei Vergleich der einzelnen Fischfamilien stellt sich allerdings heraus, daß die Mehrzahl der Riffbewohner hier wie dort aus gleichen Familien stammen und die gegliederten Hartbodenstrukturen in gleicher Weise zu nützen verstehen: Rochen, Muraenen, Seenadeln, die großen und kleinen Serraniden, *Anthias* (der im R. M. im Seichtwasser lebt), Apogoniden, Labriden, Brassen, Mulliden, Scorpaeniden, Gobiiden, Blenniiden, *Tripterygion*, Pomacentriden, Ansaugfische u. a. m.

Augenfällige Fischgruppen im R. M., welche den Felsriffen des M. M. fehlen, sind — von kleinen Familien mit wenigen Vertretern abgesehen — die Holocentriden, die *Pomacanthus*- und *Acanthurus*-Arten, die Chaetodontiden, Papageienfische und die Plectognathen. Der gesteigerte Artenreichtum jener Familien, welche in beiden Hartbodenlandschaften zu finden sind, wird besonders bei den Pomacentriden und Apogoniden augenfällig, welche im M. M. nur je einen Vertreter haben; dafür fehlt in der Landschaft der Korallenriffe das bunte Treiben der Gattung *Crenilabrus*, und von dem gewohnten Bild der in Trupps zwischen den Felsen ziehenden Brassen des Mittelmeeres ist am Korallenriff nichts zu sehen; ihr Platz wird optisch durch die Chaetodontiden besetzt. Diese Art von „Stellvertreter" finden sich in mehreren Fischgruppen, wenn man die Bilder eines Korallenriffes und einer Felsküste vergleicht. So werden die im M. M. häufigen kleinen Serraniden (*Serranus scriba, S. cabrilla*), welche tagsüber in der Nähe ihrer Schlupfwinkel stehen, optisch durch *Holocentrus sammara* und *H. spiniferum* ersetzt, die dichten Schwärme von *Chromis caeruleus* über dem *Acropora*-Dickicht besitzen ein Äquivalent im Mönchfisch *Chromis chromis*, der an der Steilküste des M. M. schwärmt, und die lockeren Ver-

---

Erklärung zu nebenstehender Abbildung

Abb. 1. Beispiele möglicher Fischgestalten, die vom Spindeltypus A (*Thunnus*) ausgehend, 4 Reihen zeigen. In Richtung B wird die Verlängerung des Körpers an *Coris, Runula, Muraena* und *Syngnathus*, in Richtung C die zunehmende Tendenz zu kompresser Körperform an *Acanthurus, Crenilabrus, Gobiodon, Diplodus, Chaetodon, Platax, Mola* und *Rhombus* dargestellt. Nur wenige Formen präsentieren den kugelig-verkürzten Typus der Kugel- und Kofferfische (D), und die depresse Körpergestalt (E), die ihr Extrem bei Rochen erreicht. Als Zwischenformen, die mehrere Merkmale (die konträren B–D und C–E ausgenommen) kombinieren, werden *Canthigaster* (AD, spindelig, kugelig), *Lepadogaster* (ADE, spindelig, verkürzt, depreß), *Callionymus* (ABE, gestreckt, spindelig, depreß), *Cepola* (BC, gestreckt, kompreß), *Blennius* (ABC, spindelig, gestreckt, kompreß) und verschiedene spindelig-gestreckte (AB) und spindelig-kompresse (AC) Formen angeführt. Die entsprechenden Körperquerschnitte (schraffiert) sind ungefähr in Höhe der Brustflossen gedacht.

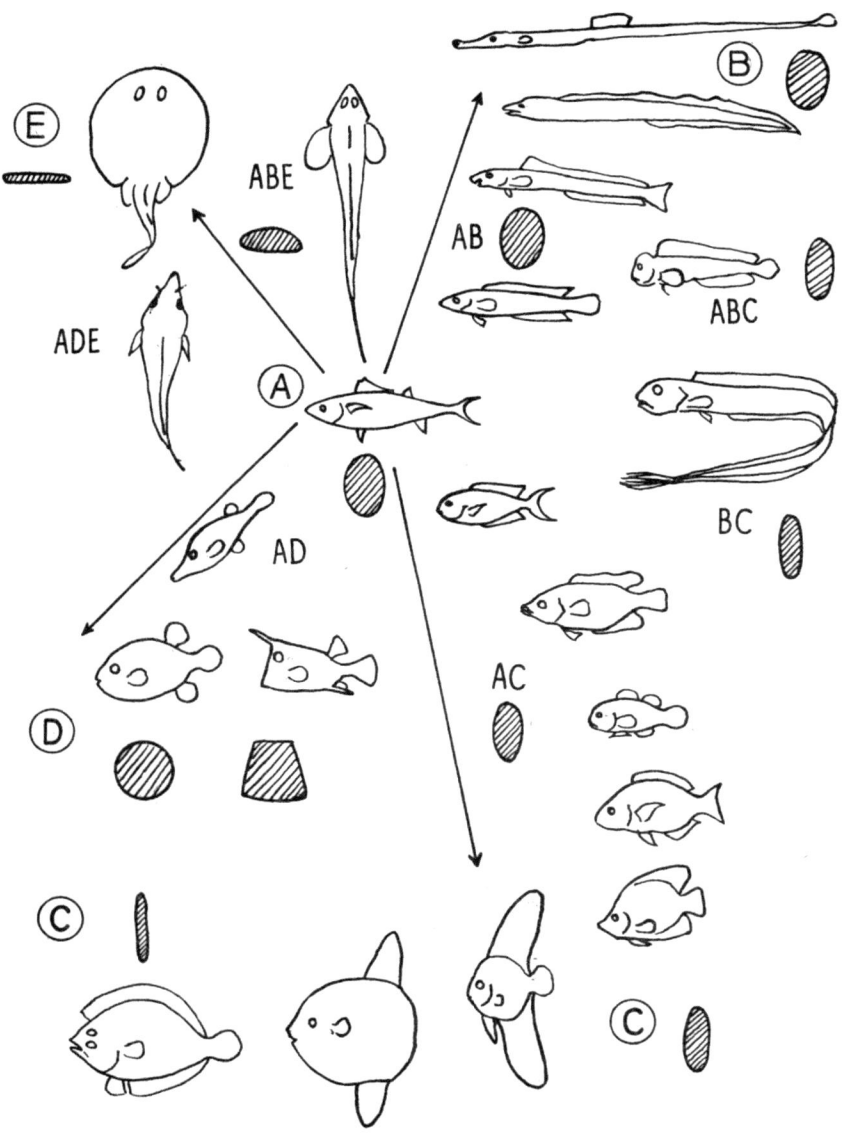

bände von *Spicara* im Küstenpelagial ähneln denen von *Lutianus* in Korallenriffnähe. Die große Menge von *Acanthurus sohal*, der an flachen Riffdächern zarte Algen weidet, wird im M. M. von den Schwärmen der Goldstrieme *Boops salpa* vertreten, die über besonnte Algenrasen ziehen. Eigenartig ist, daß sich die Plectorhynchiden *Spilotichthys pictus* (*Diagramma punctata*) und *Gaterin gaterinus* (*Diagramma gaterina*) tagsüber in geräumigen „optischen" Höhlen des R. M. und ihre Mittelmeerstellvertreter, die Sciaeniden *Umbrina cirrosa* und *Corvina nigra* sowohl in Gestalt als auch in Färbung und Verhalten überaus ähnlich sind; die erstgenannten jeder Familie tragen schwefelgelbe und schwarze Zeichnungselemente während *Gaterin gaterinus* und *Corvina nigra* vorwiegend

Abb. 2. Schema der Körperteile bei langsamer Lokomotion (schwarz; die schraffierten Teile helfen etwas mit). Unterschiedliche Körperformen zeigen mitunter gleiche Schwimmart (1, 5, 12, 13 schwimmen „carangiform" durch Körperbiegen + Schwanzschlag, 4, 7, 8, 9, 14 schwimmen durch Undulieren von Rücken-, After- und Brustflossen bzw. durch gleichzeitigen Schlag der Rücken- und Afterflosse gegeneinander, „labriformes" Schwimmen zeigen 2 und 6 durch gleichzeitigen Brustflossenschlag); umgekehrt schwimmen gleichartige Gestalten auch unterschiedlich. 10 verwendet die Brustflossen und den rückwärtigen Teil der Rückenflosse, während 11 mit Schwanzschlag schwimmt und die Brustflossen still hält. „Anguilliform" ist die langsame Lokomotion von *Runula* (3), die mit dem Körper schlängelt, „rajiform" schwimmen die Rochen (15).
1 *Thunnus*, 2 *Thalassoma*, 3 *Runula*, 4 *Nerophis*, 5 *Diplodus*, 6 *Acanthurus*, 7 *Balistes*, 8 *Mola*, 9 *Tetraodon*, 10 *Pterophyllum*, 11 *Platax*, 12 *Psettus*, 13 *Scorpaena*, 14 *Pterois*, 15 *Trygon*.

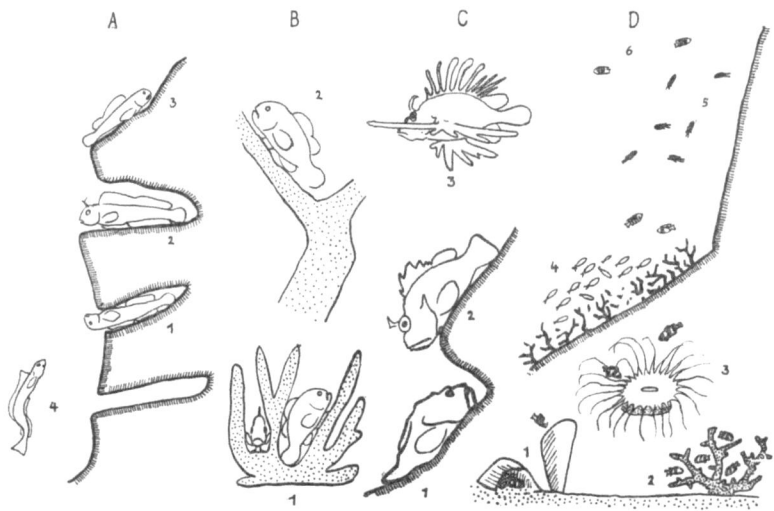

Abb. 3. Die ökologische Reihe der Substratverbundenheit innerhalb nahverwandter Arten. A *Blennius canevae* im Bohrmuschelloch (1), *B. gattorugine* in geräumigerer Höhle (2), *B. galerita* ohne Versteck (3), *Runula rhinorynchos* außerhalb des Verstecks freischwimmend (4). B *Gobiodon rivulatus* (1) zwischen engen *Acropora*-Ästen, *G. citrinus* frei an Korallenästen (2). C die bewegungslose *Synanceja* (1), die kurze Strecken schwimmende *Scorpaena* (2), die über *Dendrochirus* (nicht dargestellt) zum freischwimmenden *Pterois* (3) führt. D *Pomacentrus annulatus* (1), *Dascyllus aruanus* (2) und *Amphiprion bicinctus* (3) sind an enge Raumstrukturen gebunden; *Chromis caeruleus* (4) zieht in Schwärmen über Korallendickicht, *Chromis chromis* (5) in oft größerer Entfernung entlang der Felswände. *Abudefduf saxatilis* (6) schwimmt häufig im freien Wasser, oft zwischen Fischen des Pelagials.

schiefergrau gefärbt sind. Abbildung 5 versucht, die Gleichheiten, Ähnlichkeiten und Eigenarten der Fischbesiedlung am Korallenriff und Felsriff auszugsweise darzustellen, wobei die Nummern der angeführten Vertreter in der folgenden Artenliste aufscheinen.

Auch die eingestreuten Sandbiotope weisen durch die Besiedlung von Flundern, Gobiiden und Rochen ein ähnliches Bild auf und werden durch die umherziehenden Schwärme der Meerbarben (*Mullus* bzw. *Upeneus*) besiedlungsmäßig mit den Riffen des Hartbodens verbunden. Versuchen wir einzelne Arten namentlich anzuführen, welche sich an den beiden verglichenen Hartböden annähernd bzw. vollkommen entsprechen, so könnte sich die nachstehende Liste als Anhaltspunkt bewähren: (ohne Zeichen = praktisch identisch, * = stark ähnlich, ** = ähnlich, *** = kann als Stellvertreter betrachtet werden)

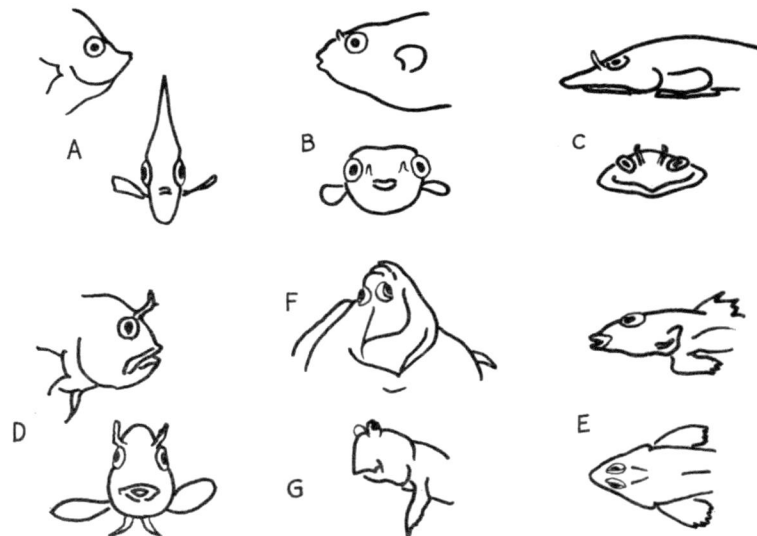

Abb. 4. Erhöhte Raumeinsicht vieler substratgebundener Fische durch Lage und Beweglichkeit der Augen. A Schmaler Interorbitalabstand bei Chaetodontiden usw. B Der breite Interorbitalabstand bei Kugel- und Kofferfischen wird durch starke Augenbeweglichkeit und Verkürzung der Schnauzenpartie kompensiert. C und E Bei depressen Bodenfischen (*Lepadogaster, Callionymus* usw.) liegen die beweglichen Augen dorsalwärts, bei Pleuronectiden zusätzlich erhöht (F). D *Blennius* zeigt bewegliche Augen, verkürzte Frontpartie und schmalen Augenabstand. G *Periophthalmus* besitzt zusätzlich erhöhte Augen, die hervorragende Raumeinsicht gewähren.

Mittelmeer:
Muraena helena (13)
Torpedo marmorata
Trygon pastinaca
Nerophis ophidion
Serranus scriba und
  S. cabrilla **
Epinephelus gigas u. a. (10)
Anthias anthias
Apogon imberbis
Mullus surmuletus
Chrysophrys aurata
Boops salpa *** (6)

Rotes Meer:
Lycodontis flavomarginatus (13)
Torpedo marmorata
Taeniura lymma
Syngnathus fasciatus
Holocentrus sammara und
  H. spinifer **
Epinephelus tauvina u. a. (10)
Anthias squamipinnis
Apogon aureus annularis
Upeneus sp.
Acanthopagrus bifasciatus
Acanthurus sohal *** (6)

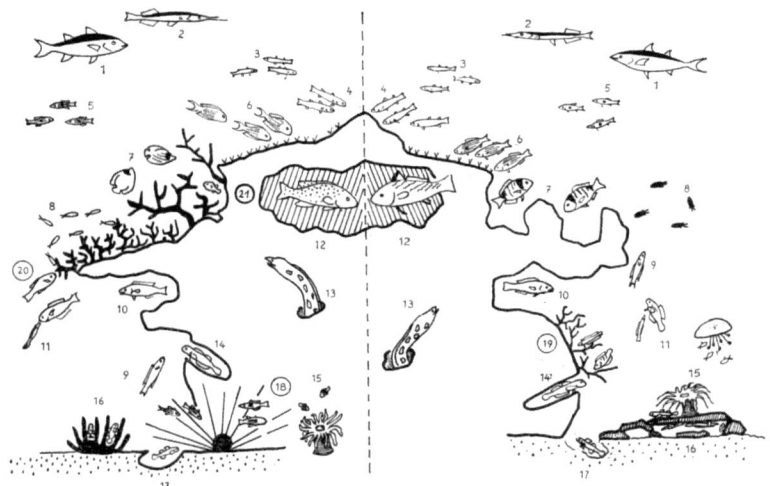

Abb. 5. Gleichheiten, Stellvertreter und Einmaligkeiten der Fischfaunen am Korallenriff (links) und Felsriff im Mittelmeer (rechts). Bei Besonderheiten sind die Zahlen in einen Kreis gestellt (18, 19, 20, 21). Hochseepelagial: 1 *Thunnus*, 2 *Belone*, Küstenpelagial: 3 *Atherina*, 4 *Mugil*, 5 *Spicara* (MM), *Lutianus kasmira* (RM). Demerse und suprademerse Fische: 6 *Boops salpa* (MM), *Acanthurus sohal* (RM), 7 *Diplodus* (MM), *Chaetodon* (RM), 8 *Chromis chromis* (MM), *Chromis caeruleus* (RM), 9 *Thalassoma*, 10 *Epinephelus*, 11 *Coris* (MM), *Labroides* (RM), 12 *Umbrina* (MM), *Spilothichthys pictus* (RM), 13 *Muraena*, 14 *Blennius*, 15 *Gobius bucchichii*, *Trachurus* (MM), *Amphiprion* (RM), 16 *Lepadogaster gouanii* (MM), *Gobiodon rivulatus* (RM), 17 *Gobius*, 18 *Cheilodipterus novemstriatus* (RM), 19 *Crenilabrus quinquemaculatus*, *Cristiceps* (MM), 20 *Callyodon* (RM), 21 *Tetraodon* (RM). Die Einmaligkeiten beziehen sich auf Futter- und Substratqualität bzw. auf die Kugelfischform. Näheres im Text.

Mittelmeer:

Diplodus *** (7)
Corvina nigra *
Umbrina cirrosa * (12)
Spicara smaris ** (5)
Coris julis * (11)
Thalassoma pavo (9)
Chromis chromis (8)
Gobius jozo (17)
Blennius pavo (14)
Blennius inaequalis
Tripterygion minor
Scorpaena porcus u. a.
Lepadogaster

Rotes Meer:

Chaetodon *** (7)
Gaterina gaterinus *
Spilotichthys pictus * (12)
Lutianus kasmira ** (5)
Labroides quadrilineatus * (11)
Thalassoma lunare (9)
Chromis caeruleus (8)
Cryptocentrus octofasciatus (17)
Blennius cristatus (14)
Ecsenius nigrovittatus
Tripterygion abeli
Pterois radiata u. a.
Lepadichthys

Form und Bewegung

Das für das R. M. entworfene Schema der Mannigfaltigkeit der Riffbewohner (ABEL 1960, S. 461) und ihre Schwimmtechnik hat auch mit einer geringen Einschränkung für das M. M. Gültigkeit, wo nur die Form d (kugelig verkürzter Typ) fehlt. Betrachten wir die beigefügte Abbildung 1, so erkennen wir aus dem Schema der möglichen Körperformen, daß mit Ausnahme der Form D (Kugelfische, Kofferfische) alle extremen Fischgestalten — soferne man die Spindelform (A) als Ausgangspunkt annimmt — wie B (schlangenförmig langgestreckt), C (kompreß) und E (depreß) und alle Übergangsformen (AB, BC, ADE usf.) beiden Meeren gemeinsam sind. Auch hier läßt sich festhalten, daß die Fische im Korallenmeer zu einer gesteigerten Mannigfaltigkeit der Formen tendieren. So fehlt dem M. M. ein schlangenförmiger Blenniide wie die *Runula*, es fehlen die Formen innerhalb der Scorpaeniden wie *Pterois*, die Übergangsformen zu Scorpaena, wie sie *Dendrochirus* darstellt, andererseits die völlig unbewegten Skorpionfische wie *Synanceja*, und es fehlen die extrem seitlich zusammengedrückten Fischformen, wie *Chaetodon* und *Platax*, wenn wir nur Riffbewohner betrachten und die Extremgestalten von *Mola mola* oder *Zeus faber* im M. M. beiseite lassen. Die Tendenz zu kompresser Fischgestalt ist in beiden Biotopen unverkennbar (Pomacanthiden, Acanthuriden, Chaetodontiden, *Gobiodon*, einige Balistiden und Pomacentriden im R. M., bei den meisten Brassen, *Crenilabrus* und *Chromis* im M. M.), wobei zu bedenken ist, daß der allgemeine Fischbauplan, der in der Regel am Spindeltypus A dargestellt wird, bewegungsmäßig (Wirbelsäule, Muskulatur) weder einer Streckung in die Länge (Typ B) noch einer seitlichen Abflachung (Typ C) entgegensteht und die Fortbewegung durch seitliches Körperschlängeln („carangiformes Schwimmen") erlaubt. Möglicherweise sind die schwimmtechnischen Schwierigkeiten, welche der kugelig verkürzte Typ (D) und die depresse Fischgestalt (E) mit sich bringen, die Ursache, weshalb sich nur verhältnismäßig wenig Formen in diese Richtung entwickelt haben. Das anscheinend „rajiforme" Schwimmen der Plattfische ist in Wirklichkeit ein „carangiformes" Schwimmen der auf der Seite liegenden kompressen Fische.

Andere Wege der Fortbewegung werden dort beschritten, wo aberrante Körperformen und Flossenbildungen die schlängelnde Bewegung, sei es mit dem Schlag des Schwanzstieles („carangiform") oder mit dem gesamten Körper („anguilliform"), verhindern. Daraus ergibt sich die vorerst merkwürdig scheinende Tatsache, daß die Fortbewegung durch propellerartiges Undulieren einer oder mehrerer Flossen („balistiformes Schwimmen") sowohl bei den kugelig verkürzten Plectognathen (Kugelfische, Kofferfische), als auch bei den extrem gestreckten Seenadeln (FIEDLER, 1955) auftritt (Abb. 2). Schon die Übergangsformen vom Spindeltypus zu der schwanzlosen *Mola* zeigen, daß mit zunehmender Verkürzung des Körpers die Mühelosigkeit des carangiformen Schwanzschlages schwindet; bereits bei den hochrückigen Brassen (*Diplodus*) (Abb. 2, 5) wird bei schnellem Schwimmen ein gewisses Flattern des Körpers sichtbar, das bei Chaetodontiden schon bei langsamem Schwimmen zu sehen ist, und bei Flucht usw. verstärkt zum Ausdruck kommt (Abb. 2, 12). Dieses forcierte Körperwedeln tritt um so mehr in Erscheinung, je verkürzter die Form ist und je weniger die Flossenbildungen eine andere Lokomotionsart erlauben. Daß nicht immer die Flossenbildungen die Schwimmtechnik bestimmen, zeigt das abgebildete Beispiel, wo *Monodactylus* mit nur geringer Flossenbildung stark mit dem Körper schlägt (Abb. 2, 12), der ebenfalls kompresse *Pterophyllum* durch Undulieren des rückwärtigen Rückenflossenlappens und durch Brustflossenschlag sich langsam fortbewegt (Abb. 2, 10), *Platax* jedoch, trotz mächtiger Flossensegel, diese nicht wie *Pterophyllum* gebraucht, sondern nach Chaetodontidenart mit dem Schwanzstiel schlägt (wobei der rückwärtige Rand der Flossensegel etwas mitgenommen wird und den Schwanzschlag unterstützt), die Brustflossen werden aber still gehalten (Abb. 2, 11). Auch das „Flossen-Schwimmen", das als Ersatz für das Körperschlängeln bei dafür ungeeigneten Formen verständlich ist (Rochen, Kofferfische, Seenadeln), wird mit Hilfe der Rücken-, Anal- und Brustflossen (während der Schwanz als Steuer dient) auch von Formen mit durchaus „normalem" schwimmtüchtigen Körper und überdies in unterschiedlicher Weise durchgeführt. Die gestreckte Spindelgestalt von *Thalassoma, Labroides, Acanthurus* und *Callyodon* bewegt sich lange Strecken ausschließlich durch gleichzeitigen Brustflossenschlag („labriform", Abb. 2, 2, 6), und die „normal gebauten" Balistiden schwimmen häufig durch gegenläufiges Schlagen der segelartigen Rücken- und Analflossen (Abb. 2, 7), was Mola die Reduktion des gesamten Schwanzteiles gewissermaßen „ermöglichte" (Abb. 2, 8).

Die gelegentliche seitliche Drehung um die Körperlängsachse wurde sowohl bei schnell schwimmenden Chaetodontiden als auch bei Brassen (z. B. *Diplodus sargus*) im Freiwasser beobachtet. Da es sich in diesen Fällen stets um gejagte bzw. verfolgende Fische handelte, dürfte dies keine Schwimmtechnik, sondern eine Verhaltensweise sein, welche durch psychische Erregung ausgelöst wird. Auch die experimentellen Untersuchungen von HOLST und SCHOEN (1950) zeigen bei *Pterophyllum* eine verstärkte Drehtendenz, sobald die Fische „aufgeregt" sind.

Mit der gesteigerten Mannigfaltigkeit der Formen an den Hartbodenstrukturen im R. M. sind mehr Bewegungsmöglichkeiten gegenüber den Fischen im M. M. vorhanden; hier fehlt an den Felsriffen das Schlängeln der *Runula* im freien Wasser, das fast planktische Schweben von *Pterois* und das gleichzeitige gegensinnige Flossenschlagen der Plectognathen; Undulieren von Flossen bleibt auf wenige Formen beschränkt. Beiden Biotopen gemeinsam ist das „carangiforme", „anguilliforme", „labriforme" und „rajiforme" Schwimmen der Fische.

Die Färbung

Bei Vergleich der Farben und Muster riffbewohnender Fische im M. M. und R. M. fällt die Buntheit der Korallenfische auf, obwohl einerseits unauffällige Farben auch bei Korallenriff-Siedlern vorkommen, andererseits grelle Farbmuster auch bei Bewohnern von Felsriffen im M. M. zu sehen sind (Blenniiden, *Crenilabrus*, *Coris*, *Thalassoma*, *Chromis*, *Apogon*, *Scorpaena*). Ich habe diese verschiedenen mehr oder weniger hervortretenden Farbmuster als „Hartbodentracht" subsummiert (ABEL, 1960), welche die reich differenzierte Umgebung der Fische annähernd widerspiegelt, und der „Freiwassertracht" und „Sandbodentracht" gegenübergestellt. Diese wiederum geben als „Homogenitätstracht" die Einheitlichkeit ihres Biotops durch eine Verarmung an Zeichnungselementen und durch Anklänge an die Farben ihrer Umgebung (silberweißer Körper mit dunklem Rücken bzw. sandfarbiger Körper) wieder. Dieses Prinzip der Milieuspiegelung soll nur eine allgemeine Feststellung sein, ohne auf die Bedeutung der Farbtrachten einzugehen. Daß die Farbigkeit der Korallenfische keine Anpassung an das „bunte" Korallenriff darstellt, welches im allgemeinen düstere, unauffällige Farben trägt, sagt bereits KLAUSEWITZ (1959); darüber hinaus darf behauptet werden, daß schattige Felswände oder Höhlen im M. M. ungleich bunter sind. Trotzdem sind die dort siedelnden Fische weniger farbig als jene am Korallenriff. Da nun auch andere Tierstämme in südlicheren Klimaten erhöhte Farbigkeit aufweisen (Mollusken, Insekten, Krebse, Amphibien, Reptilien, Vögel), ohne daß dafür allgemein gültige Ursachen oder Zweckmäßigkeiten angegeben werden können, ist nicht einzusehen, weshalb gerade bei Fischen dieses Luxurieren der Farben einen besonderen Hintergrund haben soll, gleichgültig, ob es sich um marine Tiere oder um Süßwasserfische handelt. Die nicht fehlenden diesbezüglichen Spekulationen und Deutungen bedürfen eindeutiger Experimente oder Beobachtungen im Freiwasser, um einem Ende zugeführt werden zu können. Leider stehen echte Untersuchungen in den meisten Fällen aus, und mit reinen Spekulationen, auch wenn diese teleologisch mitunter bestechend erscheinen mögen, ist keine Klärung des Fragenkomplexes zu erwarten. Die diesbezügliche Diskussion wurde bereits in vorhergehenden Arbeiten geführt. Die Berechtigung meiner Zweifel an der funktionellen Auslegung von Färbungen auf Grund menschlicher Eindrücke, wird durch eine neue Variante in der Deutung der Farbtracht von *Pterois radiata* noch unterstrichen, und möge aus dem kommentarlosen Vergleich der Meinung verdienstvoller Ichthyologen hervorgehen:

,,Die leuchtenden Flossenstrahlen bilden ohne Zweifel eine Warn- und Schreckfärbung. Denn es gilt, ein durch Bewaffnung mit Stacheln und durch das Vorhandensein von Giftdrüsen sehr gut geschütztes Lebewesen seiner Umwelt, insbesondere der beutelüsternen, warnend anzuzeigen. Andererseits hat die kontrastreiche Zeichnung am Körper den Sinn einer Somatolyse, also der optischen Auflösung des Körpers, so daß er von anderen, kleineren Fischen, die von *Pterois* in Unmengen verspeist werden, als großer Fischkörper nicht erkannt wird".

,,*Pterois radiata* and *P. volitans* appear to be highly colored and morphologically constructed to attract potential prey species" (gesperrt von mir). ,,It is not unlikely that the highly colored, greatly elongate and threadlike rays of the fins prove attractive to prey species which are captured when they come close to investigate" (HIATT u. STRASBURG, 1960, S. 93—94). (Über den Beutefang von *Pterois*, der bei Dämmerung aktiv jagen geht, habe ich selbst berichtet.) Neben dieser neuen Deutung des Farbkleides von *Pterois* sind nunmehr noch andere, inzwischen veröffentlichte Auslegungen über den Funktionswert bestimmter Fischtrachten erschienen. Die abschreckende Wirkung, welche die Augenflecke bei *Chaetodon*-Arten am Hinterkörper haben sollen, wird bereits von KLAUSEWITZ (1959d, S. 332) mit Recht bestritten und als rein spekulative Deutung abgetan. Auch der gegensinnigen Auslegung der Bedeutung dieser Augenflecke durch WICKLER (1960b), welche sich immerhin auf Aquarienbeobachtungen stützt, möchte ich in bezug auf die vorgenommene Verallgemeinerung nur zögernd folgen. Die Bedeutung der Ocellarflecke soll demnach darin liegen, daß die räuberische *Runula* (*Aspidontus*) zum Angriff auf diese falschen Augen verleitet wird, während die eigentlichen Sehorgane durch dunkle Augenbinden optisch versteckt werden. Ich habe nun selbst im Roten Meer zahlreiche *Runula* beobachtet und niemals einen Angriff gegenüber *Chaetodon* oder anderen bunten Fischen gesehen; stets wurde die große silberglänzende Brasse *Acanthopagrus* verfolgt, aber auch hier richtet sich der Angriff nicht gegen die Augen (die Bevorzugung silberglänzender Fische hat WICKLER selbst im Aquarium beobachtet). Ferner ist zu bedenken, daß zahlreiche Fische ohne zusätzlichen Augenfleck bzw. ohne „schützende" Augenbinde neben *Runula* vorkommen und ebensowenig wie die Chaetodontiden von diesem Fisch behelligt werden, und daß das Auge auch ohne Anwesenheit spezieller „Augenfeinde" bei verschiedenen Fischen in das Zeichnungsmuster mit einbezogen wird, wie z. B. durch den waagrechten Maulstrich bei *Apogon imberbis*, den Körperlängsstrich von *Coris julis*, die verschiedenen Zeichnungselemente der Gattung *Crenilabrus*, durch die senkrechten Binden bei *Diplodus trifasciatus* und *Pagrus auriga* im M. M. oder im Süßwasser bei *Pterophyllum*, bei dem Scheibenbarsch oder der Gattung *Apistogramma*.

Ebenso scheint mir die Deutung verfrüht, daß freischwimmende Fische unter einem „Entwicklungszwang" die Längsstreifung, ruhende Fische jedoch die Querstreifung als generelle Tarnung gegen Feinde entwickelt haben (bewegungslose Körper erzielen auch durch Längsfelderung Somatolyse). Die Darstellung, daß Fische „für einen waagrecht schwimmenden Raubfisch vermutlich in Bewegungsrichtung verzogen" erscheinen, und daher durch Längsstreifen getarnt sein sollen, berücksichtigt überdies nicht, daß diese Fische den Substratstrukturen des Riffs entlanggleiten und daher auch schräge und senkrecht schwimmen.

Daß auch senkrecht gestreifte Fische nicht unbeweglich verharren, sondern meist in Bewegung sind und unbedingt auffallen (SCHNAKENBECK, 1955, PORTMANN, 1956), wurde bereits in anderen Arbeiten ausführlich diskutiert. Nach der obigen Anschauung müßten daher auch diese Fische eine Längsfelderung entwickelt haben.

Die Beziehung der Linienführung zu der Aktivität des Schwimmens scheint mir eher durch die Körperform der Fische gegeben, welcher die Zeichnungselemente im allgemeinen folgen. So finden sich meist Querbänder bei hochrückigen Arten, die gegenüber der Torpedoform mit Längsstreifung weniger rasche Schwimmer sind. Es bereitet m. E. keine Schwierigkeit, Regelmäßigkeiten im Bezugssystem Gestalt—Färbung zu sehen und als gegeben zu akzeptieren, ohne nun „unbedingt und unter allen Umständen eine Zweckmäßigkeit konstruieren zu wollen" (SCHNAKENBECK, 1955)[1]).

Ansätze dazu finden sich auch bei Deutungen der Fischmimikry durch RANDALL (1960): ,,Although the authors have no good explication for the apparent mimicry of *Centropyge flavissimus* by *Acanthurus pyroferus*, it would seem more likely that a biological basis remains to be found rather than assume that so remarkable a similarity of two fishes could have arisen by chance alone".

Ich konnte in den Brandungshöhlen und dunklen Nischen im M. M. ebenfalls eine verblüffende Übereinstimmung von *Blennius nigriceps* und *Tripterygion minor* feststellen, welche sich in Körpergröße, Rotfärbung des Körpers und Kopfzeichnung täuschend ähneln und durch den Taucher meist nur an der Kopfform unterschieden werden können. Auch hier läßt sich kaum eine Zweckmäßigkeit konstruieren. Die von RANDALL angeführten Beispiele einer Mimikry bei tropischen Meeresfischen sind in den meisten Fällen in bezug auf ihre Zweckmäßigkeit ungenügend untersucht und werden von dem Autor selbst erfreulich kritisch beleuchtet. So wird einmal ein Jungfischschwarm von *Plotosus anguillaris* als ,,Seeanemone" (KNIPPER, 1955), dann wieder als ,,Seeigel" (BREDER, 1959) und nicht zuletzt als ,,verdächtig rollender, schwarzer Ball" (MORTENSEN, 1917) empfunden; die Giftigkeit von *Canthigaster*, welcher in den Mägen großer Raubfische gefunden wurde und angeblich von einem Feilenfisch nachgeahmt wird, ist noch zweifelhaft, und *Thalassoma bifasciatum*, den ein Blenniide nachahmt, wird von anderen Fischen gefressen, trotzdem er sich als gelegentlicher ,,Putzer" betätigt. Die Hypothese, daß der fingerlange Serranide *Hypoplectrus gemma* durch Färbungsähnlichkeit den Pomacentriden *Chromis cyanea* nachahmt und somit als harmloser Fisch getarnt leichter an seine Beute herankommt, wird von RANDALL selbst mit ,,vielleicht" eingeleitet. Diese Annahme setzt schließlich voraus, daß die kleinen Krabben und Garneelen den nachgeahmten Pomacentriden als

---

[1] So scheint mir auch die Vorstellung vertretbar, daß Fische gewisse ,,Trachten" im eigentlichen Sinn des Wortes haben können, die also keinen Zweck erfüllen, sondern Merkmal irgendwelcher Gemeinsamkeiten sind, wie gleiches Substrat bzw. gleiches Milieu (,,Freiwassertracht", ,,Sandbodentracht", ,,Hartbodentracht", Grünfärbung auf *Posidonia*-Wiesen, Rotfärbung bei Lichtarmut usw.), gleiche Gestalt (siehe oben), gleiche Familien (z. B. das dunkle Nackenband der Brassen, die Augenmaske bei Chaetodontiden, die 5 breiten unterteilten Körperbinden bei den Mittelmeerblenniiden, der Schwanzstielfleck der Gattung *Crenilabrus* — nach LAHAYE, 1960, neuerdings *Symphodus* —) usf. Auch andere Tierstämme zeigen solche Trachten, wie etwa die blauen Flecke an den Körperseiten mediterraner Lacerten, und Fachleute vermögen auf Grund von Farbtönen und Ornamentik die Herkunft von Schmetterlingen und Käfern anzugeben.

„harmlos" kennengelernt haben und bei der langsamen Annäherung des Barsches ruhig sitzen bleiben. Selbst wenn diese Annahme zutreffen sollte, fällt die Vorstellung der Entwicklung einer solchen zweckdienlichen Färbung schwer, da sie keine Lebensnotwendigkeit darstellt, sondern nur im Falle des Vorhandenseins einen Vorteil bedeuten kann, der — wie andere „normalgefärbte" kleine Barsche zeigen —, kein besonderer ist.

Selbst in dem überzeugenden Mimikrybeispiel, wo der räuberische *Aspidontus taeniatus* den Putzerfisch *Labroides dimidiatus* in Gestalt und Färbung, ja sogar durch labriformes Schwimmen frappierend nachahmt und dadurch den Fischen nahekommt, denen dann Stücke aus den Flossen gebissen werden (RANDALL, 1960, EIBL-EIBESFELD, 1959), ist ein Entstehen dieses Phänomens unter einem „Entwicklungszwang" schwer vorstellbar. Insbesondere zeigt die nahverwandte *Runula*, welche ebenfalls Fische anfällt und sich daneben von Röhrenwürmern ernährt (ABEL, 1960a), daß die Nachahmung eines Putzerfisches keineswegs nötig ist[2]). Wenn man das Phänomen nicht als gegeben hinzunehmen vermag und an einer Entwicklung festhält, die durch Zweckmäßigkeit gesteuert wurde, wird man diesen Gedankengang auch nach der anderen Seite hin einschlagen müssen: die durch *Aspidontus taeniatus* getäuschten Fische können den Putzerfisch *Labroides dimidiatus*, der nur gelegentlich einen charakteristischen Signaltanz aufführt (RANDALL 1958, p. 331), von seinem Nachahmer nicht unterscheiden und werden nach Attacken durch *Aspidontus* die Nähe beider Fische meiden. Diesen Nachteil müßte *Labroides dimidiatus* seinerseits wettgemacht haben, indem der Fisch sein Farbkleid usw. in gleichem Maße abänderte, wie die Anpassung des räuberischen Blenniiden an sein Farbkleid usw. erfolgte. Vielleicht steht eine solche Entwicklung noch aus, aber eine zwangsläufige Notwendigkeit ist dafür (und für die anderen Beispiele) nicht vorhanden, wie die Existenz der nicht getarnten Fische beweist.

Folgen wir den allgemeinen üblichen Deutungen der möglichen Funktionen der Fischtrachten, so scheint neben den Fällen der Tarnfärbung durch Somatolyse oder Mimese bei unbewegten Fischen (oder bei Fischen, deren langsame Bewegung mit bewegten Pflanzen harmoniert, z. B. *Crenilabrus quinquemaculatus*, *Cristiceps argentatus*, *Syngnathus typhle*, oder welche Pflanzenbewegung bei entsprechendem Äußeren imitieren, vergl. RANDALL, 1960) teleologisch gesehen, die „optisch frappierende Farbtracht" (KLAUSE-

---

[2] Vgl. die inzwischen erschienene Arbeit von W. WICKLER, 1961: Über das Verhalten der Blenniiden *Runula* und *Aspidontus* (*Pisces, Blenniidae*), Z. f. Tierpsychol. 18, 4, p. 438—439.

WITZ, 1958) als optisch wirksames Signal für den sozialen Zusammenhalt bzw. für das Erkennen der Artgenossen am wahrscheinlichsten. Diese Vermutung könnte sich bis zur Überzeugung steigern, wenn man den großen Artenreichtum und die oft unglaubliche Dichte der Fische an Korallenriffen vor Augen hat (für *Dascyllus aruanus* ist diese Annahme von FRANZISKET, 1959, und ABEL, 1960, wahrscheinlich gemacht worden). Allerdings bliebe auch hier zu fragen, ob nicht die Vielfalt der Muster und charakteristischer Gestalten für ein Erkennen ausreichend wäre und wie weit die Übertreibung greller Farbtöne wirklich notwendig ist. Die von KLAUSEWITZ als Artabzeichen gedeuteten Farbflecke bei Korallenfischen, welche dem Zusammenhalt ihrer sozialen Verbände dienen sollen, wurden von mir bei einzelnen Vertretern im M. M. im gleichen Sinne gedeutet, und Beobachtungen im natürlichen Milieu machen wahrscheinlich, daß das Winken mit dem schwarzen Segel der vorderen Rückenflosse bei *Callionymus*-♀♀ und die grelle Rotfärbung der *Tripterygion*-♂♂ Signalfunktion besitzen (ABEL, 1955).

Die Ernährung

Durch die Vertreter vieler gleicher Familien in beiden Gebieten ist im allgemeinen gleiche Ernährung zu erwarten; doch darf nicht übersehen werden, daß die Nahrung von Art zu Art, und selbst innerhalb der Spezies je nach Nahrungsanbot des Standortes oder „individueller Veranlagung" wechselhaft sein kann und diesbezügliche Untersuchungen meist nur Anhaltspunkte für die Ernährungsweise der Art sind, soferne nicht eine große untersuchte Individuenzahl statistisch gesicherte Auskunft gibt.

Bei Vergleich eines unterschiedlichen Nahrungsanbots durch die Rifflandschaften ist zu fragen, wie weit die blattartigen Algen im M. M. und die Korallenpolypen im R. M. für die Ernährung der Fische eine Rolle spielen. Die derben Algenbüschel am Fels des M. M. werden kaum von Fischen gefressen, sondern sind in erster Linie Substrat für weiteren zarten pflanzlichen und tierischen Aufwuchs und Aufenthaltsort vieler kleinerer Tiere (vergl. WIESER, 1959), welche als Fischnahrung dienen. Ein Abraspeln dieser sessilen Nahrung findet in erster Linie durch *Crenilabrus* (*Symphodus*) statt, welcher den Algenrasen bewohnt. Möglicherweise ist das Fehlen von *Crenilabrus* am Korallenriff auf den Mangel dieses Landschaftselementes zurückzuführen.

Umgekehrt bieten sich dort die Korallenpolypen als Nahrung an, und bei der Mannigfaltigkeit der Fischfauna wäre ein Teil derselben als Nahrungsspezialisten für Korallentiere zu erwarten. Mir gelang es nicht, an den Korallenriffen im R. M. durch Beobachtung im Freiwasser ausschließliche Polypenfresser festzustellen; ich konnte lediglich gelegentliche Schädigungen von Korallen durch Papageienfische und *Labroides quadrilineatus* beobachten. Da ich keine Magenuntersuchungen in großem Umfange durchführen konnte, ließ ich die Möglichkeit offen, daß durch genaue Untersuchungen in Zukunft die eine oder andere Fischart als Korallenfresser erkannt wird, und habe hinzugefügt, daß auch in diesem Falle von keiner primären unbedingten Abhängigkeit der reichen Fischfauna vom Korallenriff gesprochen werden könne (ABEL, 1960a, S. 492, 496).

Inzwischen sind die gewünschten genauen Analysen durch die umfangreiche spezielle Untersuchung an Korallenfischen der Marschall-Inseln durch HIATT u. STRASBURG (1960) geliefert worden, welche tatsächlich eine Gruppe von Korallenfressern aus den verschiedenen Fischfamilien herausschält. Nun ergibt die Durchsicht der genannten Arbeit folgendes Bild: insgesamt wurden über 2000 Fische von 233 Arten bezüglich ihres Mageninhaltes untersucht. Trotz des reichen Materials ist es verständlich, daß nicht immer eine genügende Stückanzahl für eine gesicherte Auskunft über die Ernährungsweise der Art zur Verfügung stand; es bleibt dem Ermessen des einzelnen Beurteilers überlassen, aus dem Darminhalt weniger Tiere oder nur eines einzelnen Exemplares auf die Ernährung der Art zu schließen. Von den 19 korallenschädigenden Arten sind bei einer Art 3 Individuen, bei 3 Arten nur je 2 Stück und bei 5 Arten bloß ein einziges Tier geöffnet worden, wobei gerade bei den 4 Arten, die als Korallenspezialisten bezeichnet werden, nur eine Art (11 St. *Megaprotodon strigangulus*) genügend breit untersucht wurde (von den anderen ,,Spezialisten" wurden pro Art nur je 3, 2 und 1 Tier geöffnet). Immerhin ist einzuräumen, daß trotz der Unsicherheit eines Zufallsbefundes echte Anhaltspunkte für Schlüsse auf die Ernährungsweise vorhanden sind, zumal auch nach der anderen Seite hin die Fehlerquelle in gleicher Größe sein dürfte, wo die Feststellung ,,kein Korallenfresser" häufig aus gleich geringem Material gezogen wurde (z. B. von *Chaetodon reticulatus*, *Arothron sp.*, *Diodon hystrix*, *Melichthys vidua* nur je 1 Exemplar untersucht).

Betrachten wir die von HIATT u. STRASBURG vorgelegte Liste korallenfressender Fische ohne die genannten Bedenken, so zeigt sich, daß

1. von 233 Arten 19 Korallen schädigen, das sind ca. 8%.
2. Von diesen 19 Arten werden von den Untersuchern 15 Arten als omnivor angesprochen, da sie neben den Korallen auch andere Nahrung zu sich nehmen.

3. Als ausgesprochene Nahrungsspezialisten bleiben somit 4 Arten; d. h. weniger als 2% der Fischfauna an den Korallenriffen nähren sich ausschließlich von Polypentieren!

Es scheint mir zweckmäßig, die Gruppe 2 nicht einfach als omnivor abzutun, sondern sie, soweit die Magenuntersuchungen dazu berechtigen, in gelegentliche Korallenfresser und bevorzugte Korallenfresser zu unterteilen und den ausschließlichen Korallenfressern voranzustellen. Die folgende Liste gibt diesbezüglichen Überblick der umfangreichen Untersuchungen von HIATT u. STRASBURG, wobei die Gruppe A als gelegentliche Korallenfresser gegen die bevorzugten Korallenfresser (Gruppe B) nicht eindeutig abgegrenzt werden kann. Ich habe die Grenze bei ca. 60% dort gezogen, wo außer Korallen nur noch eine andere Futterart im Magen angetroffen wurde; so hatten 3 von insgesamt 5 untersuchten *Arothron nigropunctatus* nur Korallen, die anderen 2 Fische überhaupt keine Korallen im Verdauungstrakt, sondern nur Krebse u. a. Aus diesem Beispiel wird ersichtlich, wie leicht bei ungenügendem Material beispielsweise RANDALL (1955, 1956, 1960), dessen beide untersuchten Tiere nur Korallenreste aufwiesen, auf eine strikte Spezialisation hätte schließen können. Diese Unsicherheit zeigt sich auch in der Gruppe C (ausschließliche Korallenfresser), wo meist nur unzulängliche Mengen zur Verfügung standen, und die Zahl „*100%*" d. h. alle untersuchten Fische, das teilweise dürftige Ausgangsmaterial leicht übersehen läßt.

Liste der Korallenfresser

(nach den Untersuchungen von HIATT u. STRASBURG an den Korallenriffen der Marschall-Inseln)

Fischart	untersuchte Stückzahl	Prozente der Individuen mit Koralleninhalt	anderes Futter
Arothron hispidus	1	mit wenig Korallen, omnivor	
Rhinecanthus aculeatus	15	6% (= 1 Fisch!)	omnivor
Canthigaster solandi	16	6% (= 1 Fisch!)	omnivor
Amanses carolae	2		omnivor
Cryptotomus spinidens	1	etwas Korallen	viele Algen
Chaetodon auriga	29	28% (8 Fische)	omnivor
Chaetodon ephippium	10	60% (6 Fische)	omnivor
Chaetodon citrinellus	16	60% (9 Fische)	Algen, Polychaeten
Balistapus undulatus	20	65% (13 Fische)	omnivor
Balistoides viridescens	2	1 Stück mit vielen Polypen, daneben Seeigel und Bohrmuscheln, 1 Stück mit Seesternen	

(Gruppe A)

Liste der Korallenfresser (Fortsetzung)

Arothron nigropunctatus	5	\}	60% (3 Fische) nur Korallen	
(von RANDALL untersuchte 2 Exemplare nur Korallen)		\} B	40% (2 Fische)	nur Krebse u. a.
Scarus bicolor	1		ʼviele Korallen mit	wenig Algen
Scarus sordidus	18		83% (15 Fische)	Algen
Chaetodon vagabundus	4		75% (3 Fische)	Algen
Monacanthus sp.	1	\}	reichlich Korallen, wenig Kalkalgen	
Chaetodon lunula	1	\}	100%	in Gefangenschaft
Megaprotodon stringangulus	11	\} C	100%	Fleisch und Algen
Oxymonacanthus longirost.	2		100%	? (nicht geprüft)
Arothron meleagris	3	\}	100%	?

Das Bild wird selbst dann nicht entscheidend verändert, wenn wir die Gruppe B mit der Gruppe C zusammenlegen und als „die Korallenfresser" bezeichnen, die dann ca. 4% der Fischfauna ausmachen. Auch wenn man in Rechnung stellt, daß anscheinend alle Papageienfische gerne Korallenäste fressen, wird man nicht ohne weiteres sagen können, daß die Korallenfische (d. h. die Mehrzahl der Riffbewohner) nun unbedingt von den Korallenpolypen abhängen und daher nur am Korallenriff und nirgends anderswo vorkommen können. Im Falle man aber von einer strikten Abhängigkeit zu sprechen wünscht, muß diese Unbedingtheit näher geprüft werden. Als strikte Abhängigkeit der „echten" Korallenfische muß eine Nahrungsspezialisation verstanden werden, die eben wirklich unabänderlich ist (d. h. daß keine Ersatznahrung angenommen wird), wie dies beispielsweise die Gebundenheit des Koala an *Eucalyptus*-Blätter oder die mancher opisthobrancher Gastropoden an bestimmte Schwämme oder Hydrozoen zeigt.

Nun fressen nach Angabe von HIATT u. STRASBURG von den 4 festgestellten Korallenspezialisten die beiden Chaetodontiden in Gefangenschaft Fleisch und Algen; die restlichen beiden Arten (Plectognathen) wurden diesbezüglich nicht geprüft. Somit bleibt selbst bei diesen Fischen die Frage offen, ob sie nicht auch in Biotopen ohne Korallen zu leben vermögen und wie weit tatsächlich eine unbedingte Abhängigkeit vom Korallenriff gegeben ist. Ebenso unsicher bleibt, ob

1. die Korallentierfresser (nach briefl. Mitteilung von Herrn Chlupaty, München, fressen auch *Platax teira* und *Amanses pardalis* gelegentlich Aktinien im Aquarium an) bei Fortfall der Polypennahrung tatsächlich geschädigt werden,
2. wie weit Polypen nicht beim Abweiden der von ihnen festgehaltenen planktischen Nahrung einfach mitverzehrt werden,

3. wie weit in manchen Fällen das Fressen von Korallen den Polypen selbst und nicht den symbiontischen Algen oder dem Kalk gilt. Hier ist vor allem zu beachten, daß Papageienfische nicht nur lebende Korallen, sondern auch tote Aufbauten und reinen Fels abschaben. BARDACH (1961) hat überdies beobachtet, daß die Papageienfische auch Sand aufnehmen.

Die Feststellung, daß nur wenige Fischarten Korallen fressen, sagt nicht, daß das Korallenriff deshalb nur wenig geschädigt wird Ich habe betont, daß eben durch die große Zahl der umherziehenden Papageienfische das Wasser durch die starke Defäkation der Fische, welche dauernd Kalkpartikel abgeben, geradezu getrübt wird (ABEL, 1960a). Gleiches berichten HIATT u. STRASBURG (1960), welche von einer Bereicherung des Sandbodenanteils innerhalb der Korallenriffe sprechen; dieser Umsatz wird von BARDACH (1961) sehr hoch beziffert.

Lassen wir auch diese Überlegungen beiseite und nehmen an, daß für die 4 Fischarten die Korallen unbedingte Notwendigkeit sind, so ergibt sich daraus die Berechtigung, diese Fische den 200 anderen Arten gegenüber als „echte Korallenfische" zu deklarieren und von einer strikten ökologischen Abhängigkeit (LADIGES, 1956) zu sprechen. Durch ihre geringe Zahl scheint meine Annahme, daß die Menge der riffbewohnenden Fische (auch quantitativ betrachtet beherrschen die Papageienfische keineswegs das Landschaftsbild) nicht unbedingt von der Anwesenheit lebender Korallen abhängt, durch die Untersuchungen von HIATT u. STRASBURG eher bestätigt worden zu sein.

Nach wie vor will mir scheinen, daß die Korallenpolypen erst sekundär eine wesentliche Bedeutung für die Gruppe der Substratäser haben, welche die von den Polypentieren festgehaltene Nahrung ablesen, was auch Mittelmeerfische bei einzelnen Anemonen oder bei Kolonien von Korallentieren (*Parazoanthus axinellae, Astroides calycularis* usf.) tun.

Daß Fische im M. M. Nesseltiere fressen, ist mir persönlich nicht bekannt. Es wird berichtet, daß die Jungfische von *Trachurus* von den Quallen fressen, die sie begleiten; ich konnte dies im Freiwasser nie beobachten und vermute, daß dieses Verhalten nur in Gefangenschaft auftritt (vielleicht ist das Zupfen an den Tentakeln kein Fressen, sondern dem Tentakel-Zupfen der Anemonenfische gleichzusetzen, das verschieden gedeutet wurde z. B. VERWEY, 1930, KOENIG, 1960). Möglicherweise zupfen die Fische an den Medusen, sobald diese verletzt sind. Ähnliches kann man bei *Blennius* sehen, der im Aquarium verletzte Anemonen (*Actinia equina*) anfrißt. Wie weit der Fisch *Schedophilus medusophagus* seinen Namen zu Recht trägt, ist mir nicht bekannt. DIEUZEIDE (1953) gibt von dem verwandten *Stromateus fiatola* an, daß dieser Fisch neben Krebsen und Fischeiern auch Medusen frißt.

Auch für das Aufnehmen von kalkigen Hartbodenteilen, wie dies die Papageienfische durch Abschaben der Korallenäste oder einzelne Plectognathen (*Balistes*, *Tetraodon*) durch Abbeißen dünner Korallenäste tun, findet sich an den Felsriffen des M. M. kein Äquivalent; es sei denn, daß man das Zermalmen von Seeigel-, Muschel- und Schneckenschalen der großen Lippfische dem gleichsetzt. Trotz des auffallenden Mangels an geschlossenen Algenformationen am Korallenriff ist pflanzlicher Aufwuchs — insbesondere an dem sekundären Hartboden abgestorbener Korallenriffteile — durchaus vorhanden, so daß auch hier kein prinzipieller Unterschied zum M. M. besteht und eine stattliche Anzahl mehr oder weniger herbivorer Fische von HIATT u. STRASBURG (an deren untersuchten Riffen kommen allerdings viel mehr Algen vor als im R. M.) angeführt werden kann (*Mugilidae*, *Acanthuridae*, *Balistidae*, *Callyodontidae*, einige *Pomacentridae*, *Chaetodontidae*, *Tetraodontidae* usf.). Auch „Putzerfische" sind in beiden Biotopen vorhanden (vergl. Abb. 5).

Die Beziehungen zum Substrat

Die Beziehungen der Fische zu den Hartbodenstrukturen (einschließlich der aufgewachsenen Pflanzendecke) und ihr Verhalten gegen diese sind weitgehend gleich, soferne die Strukturen einander ähneln. Die Beziehungen sind in beiden Fällen gegeben durch

A. die Substratbeschaffenheit
  a) Qualität
    1. Sand — Schlamm
    2. Schotter
    3. Fels
    4. Korallen
    5. Pflanzenaufwuchs
  b) Quantität dieser Substratqualitäten in geschlossener Formation
  c) Position derselben (Lage im Raum, Tiefenlage, Exposition gegen Licht und Wasserbewegung)

B. die ökologischen Ansprüche der Tiere an das Substrat als
  a) Futterplatz
  b) Laichplatz
  c) Versteckplatz
  d) Ruheplatz
  e) Aufenthaltsort (a—d)

Bei Vergleich der Substratqualitäten beider untersuchten Gebiete macht sich das Fehlen von Schotter kaum bemerkbar, da dieser im M. M. als mehr oder weniger bewegtes Substrat schon rein mechanisch eine Besiedlung nicht erlaubt; das Fehlen der Algenrasen mit ihrem charakteristischen Lückenraumsystem (*Cystosiren*, *Dictyopteris*), in dem bestimmte Mittelmeerfische bevorzugt siedeln (*Crenilabrus quinquemaculatus*, *Cristiceps argentatus*), wird im R. M. durch die überaus differenzierten Bildungen der Korallenwuchsformen reichlich ersetzt, wo *Pseudochromis olivaceus* in *Stylophora*, *Gobiodon rivulatus* in *Acropora*-Polstern und *Dascyllus aruanus* in *Acropora*- und *Pocillopora*-Stöcken wohnen. Darüber hinaus werden die Strukturen von Seeigelstacheln durch Apogoniden, leere *Pinna*-Schalen von *Pomacentrus annulatus* und leere Schneckengehäuse von jungen *Rhinecanthus assasi* als Versteck im R. M. benutzt. Beiden Biotopen gemeinsam ist das Bewohnen enger Bohrmuschellöcher durch Blenniiden, von kleinen Hohlräumen des Sandbodens durch Gobiiden, das Aufsuchen geräumiger Höhlen von größeren Fischen, und selbst das Bewohnen von Nesseltieren (Anemonenfische) hat im M. M. eine Parallele, da *Trachurus*-Jungfische obligat Quallen als Versteck und Ruheplatz benutzen, und *Gobius bucchichii* fakultativ die *Anemonia sulcata* als Versteck aufsucht (ABEL, 1960b). Die Spezifität der Gebundenheit an bestimmte Substratstrukturen erlaubt es, von „Leitformen der Struktur" zu sprechen, welche am Korallenriff dank der Mannigfaltigkeit der Hartbodengliederung eine entsprechende Bereicherung aufweisen. Sowohl im M. M. als auch im R. M. sind reichliche Versteckplätze vorhanden, welche von engen, körperumschließenden Löchern („haptische Höhlen"), die Fischen thigmotaktisch gesteuerte Geborgenheit gewähren, bis zu geräumigen Versteckplätzen reichen („optische Höhlen"), in deren Dunkelheit sich die Tiere „optisch geborgen" fühlen. Eine genauere Analyse der Beziehungen der Fische zu Höhlen wurde in einer älteren Studie dargelegt (ABEL, 1959).

In bezug auf die Quantität der geschlossenen Hartbodenformationen ist hervorzuheben, daß an einzelnen Korallenriffen bestimmte Landschaftstypen durch einheitliche Wuchsformen der Bestandsbildner geprägt werden („*Galaxea*-Wiese", „*Acropora*-Dickicht", „*Acropora*-Wald", „Schirmdachformation"), welche durch die Konstanz der Bildungen charakteristischen Fischleitformen eine entsprechend hohe Abundanz erlauben. Umgekehrt ist an einem Riff mit uneinheitlichem Gepräge seiner Bestandsbildner eine Vielfalt an Versteckplätzen gegeben, und mit der verschiedenen „Maschenweite" der Strukturen wächst die Artdichte der Benützer.

Durch die reiche Gliederung des Korallenriffes, das grob mit einem Badeschwamm verglichen werden kann, sind innerhalb geräumiger Riffe relativ große Stillwassergebiete mit ständig klarem ruhigen Wasser in einem Ausmaß vorhanden, das die Felsaufbauten im M. M. nicht zulassen; ob extreme Fischformen als schlechte Schwimmer deshalb auf diese Gebiete angewiesen sind, bleibt zu diskutieren. Das Verhalten der Tiere gegenüber dem Substrat ist in beiden Untersuchungsgebieten weitgehend gleich („Bauch-Substratreaktion" usw.), welches mit zunehmender Annäherung der Fische an Bedeutung für diese gewinnt (siehe Punkt B, a—d). Über die Rolle des Hartbodens als Futterplatz durch seinen pflanzlichen und tierischen Aufwuchs bzw. durch die Bereicherung mit Hilfe der Korallenpolypen wurde bereits gesprochen. Zusätzlich ist die gesamte tierische Belegschaft dieser Biotope in Rechnung zu stellen, die sich selbst oder ihre Larvenformen als Nahrung anbieten (ODUM u. ODUM, 1955, GERLACH, 1959). Ein entsprechendes Schema der Nahrungsketten am Korallenriff findet sich bei HIATT u. STRASBURG, welches naturgemäß auch die gelegentlichen Besucher des Riffes (Haie, Thunfische usw., vergl. auch ABEL 1962, im Druck) berücksichtigt.

In bezug auf die Entfernung vom Substrat lassen sich in beiden Gebieten unterscheiden:
1. Fische des Hochsee-Pelagials (z. B. Haie, *Manta*, *Thunnus*, usw.)
2. Fische des Küsten-Pelagials (*Atherina*, *Mugil*, *Lutianus*, *Spicara*)
3. suprademerse Fische (*Diplodus*, *Chaetodon*, *Labrus*, *Serranus*)
4. demerse Fische (*Blennius*, *Gobius*, *Scorpaena*, *Muraena*)

In der Gruppe 3 beginnt das Substrat für die Fische auch Versteckplatz zu werden, obgleich einzelne Vertreter wie *Boops* niemals in Höhlen usw. flüchten und das Substrat für sie nur Futterplatz ist.

Die Funktion des Hartbodens in der ökologischen Umwelt der Fische ist jedoch auch innerhalb kleiner systematischer Einheiten unterschiedlich, zumal selbst in den Familien und Gattungen verschiedene Substratverbundenheit bestehen kann.

Als Beispiele seien genannt: *Gobiodon rivulatus* lebt versteckt zwischen dichtstehenden Ästen von *Acropora*-Polstern, *Gobiodon citrinus* hüpft jedoch frei an den weitausladenden „Hirschgeweih-Korallen" (Abb. 3 B). *Blennius canevae* bewohnt Bohrmuschellöcher als haptisches Versteck, *B. gattorugine* geräumige Löcher als optische Höhlen, *B. galerita* lebt an der Wasserlinie ohne Versteck, *Runula* bewohnt im R. M. enge haptische Höhlen, schwimmt jedoch die meiste Zeit über dem Substrat (Abb. 3, A). Bei den Balistiden ist *Pseudobalistes fuscus* suprademers und flüchtet in Höhlen, *Mola* hat sich jedoch im M. M. vom Substrat emanzipiert. Innerhalb der Scorpaeniden zeigt die bewegungslose *Synanceja* neben massigem Körper geringe Flossenbildungen (Abb. 3 C, 1), *Scorpaena*, welcher eine gewisse Aktivität verrät, bringt — obwohl dem Substrat verhaftet — einen Übergang zu dem schwimmfreudigeren *Dendrochirus*, der mit bereits verbreiterten Flossen zu der Gattung *Pterois* führt, welche als planktische Form mit Hilfe der mächtigen Flossensegel (Abb. 3 C, 3) bereits über dem Substrat zu schweben vermag. Eine reich differenzierte Reihe der Substratnähe ist bei den Pomacentriden zu beobachten, wo wir Bewohnern isolierter haptischer Höhlen begegnen, wie engsparrige Korallenstöcke bei *Dascyllus aruanus* (Abb. 3 D, 2) und die Tentakeln der Seeanemonen, zwischen denen sich *Amphiprion bicinctus* versteckt (Abb. 3 D, 3); durch *Pomacentrus annulatus* (Abb. 3 D, 1), der leere *Pinna*-Schalen und geräumigere Höhlen als Versteck benutzt, findet sich ein Übergang zu jenen Formen, die bereits aufgelockerte Hohlraumsysteme bei der Flucht aufsuchen, wie *Chromis caeruleus* (Abb. 3 D, 4) das *Acropora* Dickicht und *Chromis chromis* die gegliederte Felswand oder den Blätterwald der *Posidonia*-Wiese. *Chromis chromis* ist bereits in größerer Entfernung vom Substrat zu sehen, wird jedoch von *Abudefduf saxatilis* darin übertroffen, der häufig weit vom Riff entfernt zwischen Fischschwärmen des Pelagials zu finden ist und gewissermaßen das Ende innerhalb dieser Reihe darstellt (Abb. 3 D, 6). Es ist wahrscheinlich kein Zufall, daß gerade diese Art sich bis nach Neapel im M. M. verirrt hat (TARDENT, 1959).

Die Lebensform

Morphologische Analogien, welche auf eine bestimmte Lebensweise eines Organismus schließen lassen und sich in den verschiedensten Tierstämmen finden können, werden „Lebensform" genannt (REMANE, 1943), wobei ein Tier mehrere Lebensformen vertreten kann (KÜHNELT, 1953). Bereits in der oben gezeigten ökologischen Reihe der Substratverbundenheit, welche kein Ausdruck einer phylogenetischen Spekulation sein soll, zeigen sich selbst innerhalb kleiner systematischer Kategorien Korrelationen zwischen Körpergestalt, Flossenformen, Färbung, Maulbildungen usw. und der Lebensweise der Fische, wobei verschiedene Lebensformen bei einer Art verwirklicht sein können. Ein schönes Beispiel wurde oben bei den Skorpionfischen (*Scorpaenidae*) bereits genannt: ein schwerer plumper Körper, dürftiges Flossenwerk und mimetische Färbung lassen auf die unbewegliche bodengebundene Lebensweise der *Synanceja* schließen. Die *Scorpaena* verrät trotz Tarnfärbung durch etwas schlankeren Bau und stärker entwickelte Flossen eine erhöhte Bewegungsfreudigkeit, welche über *Dendrochirus* bei *Pterois* schließlich in ein freies Schweben mit Hilfe der mächtigen Brustflossensegel übergeht. Die ebenfalls stark verlängerten Bauch- und Rückenflossen scheinen bei diesem Segeln die Lage im Raum zu kontrollieren (ähnlich dem „Schwert" der Segelboote), und der Antrieb erfolgt durch Undulieren des weichen Teiles der Rücken- und Analflosse, welche im Gegensatz zu *Scorpaena* weich und biegsam sind. Auch die Schwanzflosse schaltet sich nunmehr ein, und der rückwärtige Körperteil, namentlich der Schwanzstiel, zeigt eine entsprechende Verjüngung (Abb. 2, Abb. 3 C).

Nicht immer ist eine solche äußerliche Darstellung bei unterschiedlicher Lebensweise gegeben, und Fische, welche oft unerwartet agieren, da man auf Grund der morphologischen Gegebenheiten etwas anderes vermutet hätte, mahnen zur Vorsicht vor voreiligen Schlüssen.

Ein Lebensraum, der keine extremen Lebensbedingungen bietet und daher keine speziellen Anpassungen als absolut nötig voraussetzt, kann eben auf verschiedene Art und Weise benützt werden. So liegen die Seenadeln an den Korallenriffen wie Schlangen am Fels, *Gobiodon citrinus* hüpft mit Hilfe seiner Saugscheibe an den Korallenästen, während die Menge der Fische entweder mehr oder weniger kurzzeitig dem Substrat einfach aufliegt oder frei zwischen den Strukturen umherschwimmt. Das Hochseepelagial kann neben den schwimmtüchtigen Formen auch von *Mola mola* besetzt werden, und die Tiefsee erlaubt die absonderlichsten Fischgestalten.

Umgekehrt zeigen die Tiere bei ähnlichem Äußeren verschiedenes Verhalten, was nur aus der Erfahrung zu ermitteln möglich ist. Weder Muränen noch *Conger* oder Seenadeln zeigen bei langgestrecktem Leib ein ähnliches „am Ort"-Schwimmen wie *Runula*, die Schlangennadel schwimmt ähnlich wie die Kugelfische, die Balistiden wechseln von einer Schwimmart in die andere („tetraodontiform", „balistiform", „carangiform"), die „labriforme" Schwimmart von *Thalassoma*, *Labroides*, *Acanthurus* und *Callyodon* ist aus keinen morphologischen Merkmalen ersichtlich, die Pomacentriden entfernen sich verschieden weit vom Substrat, *Gobiodon citrinus* unterscheidet sich in keiner Weise von *Gobiodon rivulatus*, der auf das Leben zwischen den engstehenden Korallenästen spezialisiert ist usw. Dabei bleibt es wiederum der Spekulation überlassen, ob die stark kompresse Gestalt von *Gobiodon* erst ein Leben zwischen diesen speziellen Substratstrukturen ermöglichte, d. h. ob *Gobiodon rivulatus* dieses Hartbodenelement „für sich entdeckt" hat, oder ob sich *Gobiodon citrinus* von diesem sekundär emanzipierte, wie das bei den Pomacentriden wahrscheinlicher ist. So sehen wir bei diesen einerseits eine Substratspezialisation, die kaum ursprünglichen Charakter haben dürfte (Bewohnen von *Pinna*-Schalen und Anemonen), andererseits eine „Substratflucht", die bei *Abudefduf saxatilis* einen Höhepunkt erreicht.

Betrachten wir diese ökologische Reihe in Hinblick auf Merkmale der Lebensform, wie wir dies später bei den Fischen in bezug auf Substratnähe allgemein durchführen werden, so läßt sich festhalten, daß die Amphiprioniden mit plumpem Schwanzstiel und rundlichen Flossen, und die hochrückigen Pomacentriden, wie *Dascyllus aruanus, D. marginatus, D. carneus, Pomacentrus annulatus, P. tripunctatus* usf., als Kurzstreckenschwimmer den schlanken Formen mit stark gegabelter Schwanzflosse gegenüberstehen, welche sich als relativ schnelle Schwimmer erweisen, die mitunter als Schwärme über das Substrat ziehen (*Chromis xanthurus, Chromis caeruleus, Chromis dimidiatus*). Der Mittelmeervertreter *Chromis chromis* steht mit etwas hochrückigem Körper aber schlankem Schwanzstiel und stark gegabelter Flosse etwa in der Mitte dieser morphologischen Reihung, die jedoch durch den hochrückigen Bau des stärksten Substratflüchters *Abudefduf saxatilis* mit der ökologischen Reihe nicht absolut parallel verläuft. Nun bedeutet aber die Entfernung vom Substrat nicht unbedingt, daß dies nur durch schnelles Dauerschwimmen bewerkstelligt werden kann (vergl. *Mola*). In der Regel finden sich allerdings im Pelagial in der Mehrzahl schwimmtüchtige Formen vor, die mit der Annäherung an die Hartbodenstrukturen stufenweise Merkmale einer bodengebundenen Lebensweise aufweisen. Eine solche Reihe der Lebensformen habe ich an den Fischen der Felsriffe im M. M. (ABEL, 1962, im Druck) beschrieben und abgebildet. Da sich am Korallenriff eine große Zahl artverwandter Fische wiederfindet, kann auf eine ausführliche Wiederholung hier verzichtet werden, ungewohnt im M. M. ist der Adlerrochen-Typus (*Manta*), welcher von HIATT u. STRASBURG als gelegentlich in Riffnähe auftauchend angeführt wird und durch das Schlagen seiner segelartig verbreiterten Brustflossen die für den Rochentypus bestmögliche Lokomotion besitzt, welche streng genommen „labriform" zu nennen wäre. (Daß die dorso-ventrale Pendelbewegung gleichen Effekt wie die nach den Seiten hat, zeigen auch die verschiedenen schwimmtüchtigen Wassersäuger, deren Wirbelsäule (im Gegensatz zu den Fischen) der Auf-Ab-Bewegung entgegenkommt und mit den quergestellten Flossen den Typus des Delphin-Schwimmers bewerkstelligt).

Die Reihen führen hier wie dort von den spindelförmigen Hochsee-Schwimmern mit dünnem Schwanzstiel, gegabelter Schwanzflosse, spatelförmigen Brustflossen und der charakteristischen Freiwasser-Färbung (*Thunnus, Trachurus, Belone* usw.) über Formen des Küstenpelagials mit gegabelter Schwanzflosse, derberem Schwanzstiel und teilweisen Zeichnungselementen (*Spicara, Lutianus, Mugil* usw.) zu den suprademersen Lebensformen, welche neben abweichenden Fischgestalten (*Chaetodon, Sargus, Labrus, Runula, Mullus* usf.) teilweise gerade Schwanzflossen und auffällige Hartbodentrachten aufweisen. Die Reihen werden mit den Bodenfischen (demerse Fische) beendet, welche zum Teil mit schweren, plumpen Körpern, teilweise umgebildeten Flossen (*Cristiceps, Gobius, Trigla, Trygon*) oder aberranten Körpergestalten (Seenadeln, *Muraena, Synanceja, Trygon, Pleuronectes* usf.) ausgestattet sind und die bunte Hartbodentracht (oder am Sandboden die Homogenitätstracht) besitzen.

Im einzelnen betrachtet zeigt sich bei den Blenniiden mit erhöhter Schwimmfreudigkeit (*B. gattorugine, B. pavo, B. sanguinolentus* u. a.) eine durchgehende Rückenflosse, welche gegenüber der geteilten Rückenflosse von *Blennius inaequalis, B. canevae, B. zvonimiri* usw. das starke Schlängeln des meist verlängerten und stärker kompressen Körpers wirkungsvoller unterstützt (Abb. 1, Abb. 3 A). Auch *Runula* (*Aspidontus*) trägt durchgehende Flossensäume. Dasselbe findet sich bei den nahverwandten Tripterygien, welche mit dreigeteilter Rückenflosse nur kurze Sprünge durchführen, und den Cliniden (*Cristiceps argentatus*), welche als Dauerschlängler hohe durchgehende Flossensäume tragen.

Bei den Labriden zeigen *Labroides, Thalassoma* und *Coris* als relativ schnelle Dauerschwimmer die Spindelgestalt gegenüber der hochrückigen Gattung *Crenilabrus*, welche weit träger ist; ähnliches findet sich bei den Brassen und Acanthuriden.

Die Vielfalt der seitlich zusammengedrückten Gestalten am Korallenriff kann m. E. nicht als Merkmal eines Schwimmens zwischen senkrecht verlaufenden Substratstrukturen gewertet werden. Die dünnen Platten der Schirmkorallen bilden ausgesprochen horizontale Lückenraumsysteme (die vom Stachelrochen *Taeniura lymma* benützt werden), und das sparrige Geäst der *Acropora*-Formationen ist nach allen Richtungen verzweigt. Die neben den kompressen Typen vorkommenden Koffer- und Kugelfische sprechen ebenfalls gegen eine solche Spekulation. Fraglich bleibt, ob die stark kompresse Gestalt von *Gobiodon*, von dem einige Arten ausschließlich zwischen den engstehenden Ästen von *Acropora*-Polstern wohnen, als Anpassung aufzufassen ist (siehe oben). Hält man sich nur an die Tatsache, daß dessen kompresser Körper zwischen diese engen Strukturen hineinpaßt, dann ist im M. M. ein entsprechendes Äquivalent in der depressen Form der Ansaugfische (*Lepadogaster*) gegeben, welche vorzugsweise die horizontalen Lückenraumsysteme der Unterseiten flacher Steine besiedeln (Abb. 5, 16). Hier wie dort hält sich der Fisch mit einer Saugscheibe am Substrat fest und zeigt nur geringen Aktionsradius. Abgeflachte Gestalten und Saugnäpfe würden, als Lebensform betrachtet, für ein Leben in extremer Strömung sprechen (vergl. Saugwelse usw., WICKLER, 1960, S. 49); doch müßte eine entsprechende Turbulenz an Steinunterseiten in den Seichtwassergebieten erst nachgewiesen werden. Immerhin kommen Ansauger auch an Steinen vor, die bei starker Brandung bewegt werden, und das häufige Körperschlängeln der Fische in Ruhe sieht nach Kompensation einer (im Beobachtungsfalle nicht vorhandenen) Wasserströmung aus. Keinesfalls ist von einer Turbulenz innerhalb der Korallenäste, die *Gobiodon* besiedelt, zu sprechen. Es ist fraglich, ob die kompressen und kugeligen Fische wirklich so schlechte Schwimmer sind, daß sie auf die Innenseite der Riffe mit permanentem Stillwasser angewiesen sind. Schließlich gibt es turbulenzfreie Biotope auch im M. M. (unterseeische Höhlen, *Posidonia*-Wiesen usf.), die dort vorkommenden Seenadeln sind noch viel schwimmuntüchtiger, und der „hilflosen" *Mola* ist es möglich, selbst das Hochsee-Pelagial zu bewohnen.

Eine weitere Verbundenheit, die zum Teil mit der Substratgliederung in Zusammenhang steht, wird in Maulbildungen ausgedrückt. Pinzettenartige Verlängerungen finden sich in verschiedenen Fischgruppen, welche aus kleinsten Spalträumen ihre Nahrung hervorholen können (Syngnathiden, Chaetodontiden, *Oxymonacanthus*, *Canthigaster*, *Zebrasoma*, *Tripterygion*, *Lepadogaster*, *Gomphosus*) bzw. Pflanzenspitzen oder Korallenpolypen (HIATT u. STRASBURG) damit abzupflücken verstehen. Allerdings ist das Zufassen nach kleiner Nahrung nicht nur auf einen Teil der substratgebundenen Fische beschränkt, es findet sich dieses Merkmal der Lebensform „Kleinnahrung-Pflücker" auch bei pelagischen Fischen (z. B. *Belone*, *Hemiramphus*). Daß das eigenartige Gebiß der Papageienfische und der Plectognathen nicht unbedingt dem Fressen von Korallenästen dient, wurde in dem Kapitel „Die Ernährung" besprochen; überdies sei wieder auf *Mola* hingewiesen (vergl. auch KÜHNELT, 1953, S. 65).

Ein Merkmal erhöhter Raumeinsicht in einem strukturierten Lebensraum sind Lage und Beweglichkeit der Augen, die damit einerseits ein voneinander unabhängiges Beobachten der Umgebung und eine Verschiebung des Blickfeldes ohne Körperbewegung, andererseits ein binokulares Anvisieren eines Objektes gestattet (vergl. LÜLING, 1958), was ein präzises Erfassen der Entfernung erlaubt (Abb. 4). Möglicherweise ist bei langschnauzigen Formen auch ein Visieren entlang der Schnauzenkante vorhanden (*Esox, Barracuda, Hemiramphus*); der Eindruck ist bei Syngnathiden, aber auch bei Serraniden usw., die gewissermaßen über die Schnauzenspitze nach der Beute peilen, gegeben.

Bei Formen mit Pinzettenschnauze liegen die Augen meist über dieser und sehen direkt über sie hinweg; bei Kugelfischen ist derselbe Effekt durch die starke Verkürzung der Maulpartie vorhanden. Die Chaetodontiden u. a. kompensieren geringere Augenbeweglichkeit möglicherweise durch verjüngten Interorbitalabstand, bei depressen Formen (Rochen) sind die Augen dorsal gerückt und verfügen über einen entsprechenden Spielraum (*Callionymus, Lepadogaster*), welcher bei Pleuronectiden durch Hervortreten des Augenbulbus erhöht wird. Die höchste Stufe zeigt diesbezüglich *Periophthalmus*, zu welchem die diversen Blenniiden durch Augenbeweglichkeit, schmalen Interorbitalraum und Verkürzung der Frontpartie überleiten (vergl. Abb. 4).

Schließlich sei noch eine Bildung erwähnt, die sich bei sandbodenbewohnenden Fischen findet, wobei der Hinterrand des Operculums gegen den Körper abdichtet und am oberen Ende eine Art „Spritzloch" vorhanden ist, durch welches das Atemwasser nach oben ausgestoßen wird und dessen kleine Öffnung durch eine dünne Hautfalte wie ein Klappenventil geschlossen wird. Diese Einrichtung dient offensichtlich dem Schutz der Kiemen und der Umleitung des Atemwasserstromes ins freie Medium, wenn die Fische im Sand eingegraben sind. Diese Funktion ist bei *Callionymus, Synanceja, Scorpaena scrofa* und *S. porcus*, welche entweder stets oder gelegentlich den Sand bewohnen, deutlich zu sehen, während *S. ustulata* in der Regel schattige Felswände besiedelt, wo eine solche Bildung keine Funktion mehr besitzt. Auch hartbodenbewohnende Blenniiden zeigen diese Bildung. In diesen Fällen darf vermutet werden, daß die Fische ursprünglich Weichboden-Bewohner waren.

Zusammenfassung und Diskussion

Überblicken wir die Situation der Beziehungen der Fische zu den Hartbodenstrukturen im Mittelmeer und Roten Meer, so läßt sich sagen, daß im allgemeinen durchaus ähnliche Verhältnisse vorliegen. Gleiches gilt für die Landschaft der Riffe und deren Besiedler selbst.

Die Landschaft besteht in beiden Fällen aus gegliedertem Hartboden, dessen Strukturen verschiedenen pflanzlichen und tierischen Aufwuchs tragen und zwischen dessen felsigen Aufbauten weiche Sand-Schlammbiotope eingebettet sind. Unterschiede sind vorhanden durch das Fehlen geschlossener Algenrasen an den Korallenriffen bei Ghardaqa, die im M. M. besonders durch *Cystosira*, *Dictyopteris*, *Halimeda* usw. gebildet werden, ferner durch den Mangel an Schotterbänken und ausgedehnten Geröllhalden, von denen nur eine, durch künstliche Aufbauten bei der marinbiologischen Station in Ghardaqa entstanden, untersucht wurde. Umgekehrt fehlt dem Hartboden im M. M. die Mannigfaltigkeit der Strukturierung, welche die hartskelettbildenden Korallen bewirken. Die Aufbauten kompakter Korallen, die Steilabhänge zum offenen Wasser, die geschlossenen Felsflächen alter Riffe mit zum Teil schütterem Seegras-Aufwuchs sind ohne weiteres den entsprechenden Felsformationen im M. M. gleichzusetzen. Bedeutende Unterschiede sind im Klima gegeben, wo im allgemeinen im R. M. höhere Wassertemperaturen, im Inneren ausgedehnter Riffe ausgesprochene Stillwassergebiete, ferner meist klares Wasser und durch das ständige Schönwetter erhöhter Lichtgenuß vorhanden sind. Die symbiontischen Algen der Korallen bewirken jedoch keinen höheren Sauerstoffgehalt des Wassers (ODUM u. ODUM, 1955).

Die Fischfaunen sind insoweit stark ähnlich, als zahlreiche Familien in beiden Biotopen vorkommen; darüber hinaus wird die Ähnlichkeit beider Gebiete durch die gleichen ökologischen Ansprüche der Fische und durch ihre parallelen Verhaltensweisen verstärkt. Hier wie dort dient das Substrat als Futter-, Laich-, Versteck- und Ruheplatz, je nachdem, wie weit die Fische mit dem Substrat ökologisch verbunden sind. Die entsprechenden Reihen, welche vom Hochseepelagial über das Küstenpelagial zu dem Substrat führen, das die Fische knapp darüber schwimmend (suprademers) oder direkt aufsitzend (demers) bewohnen, sind in beiden Landschaften vorhanden und zeigen häufig nahverwandte Arten, die als Irrgäste, gelegentliche Besucher, häufige Besucher oder obligate Bewohner der Riffe gelten können.

Entsprechend der aus der unterschiedlichen Substratverbundenheit resultierenden Lebensweise und der teilweise starken Differenzierung der Lebensräume finden sich sowohl bei den Besiedlern der Korallenriffe als auch der Felsriffe charakteristische äußere Merkmale, die als „Lebensform" bezeichnet werden können. Generell sind die Fische am Riff durch plumpen, oftmals aberranten bis extrem abweichenden Körperbau gekennzeichnet, die Schwanzflosse hat nicht die Funktionstüchtigkeit der Hochsee-Schwimmer, die Lokomotion wird teilweise von anderen Flossenelementen übernommen, anstelle des dauernden Schnellschwimmens ist gesteigerte Manövrierfähigkeit zu finden, und der Körper zeigt gegenüber der „Homogenitätstracht" der pelagischen Fische und der Sandbodenbewohner die kräftigen und unterschiedlichen Farbmuster der Hartbodentracht; meist erlauben Stellung und Beweglichkeit der Augen eine erhöhte Raumeinsicht, und pinzettenartige Maulverlängerungen, welche für Pflücker von Kleinnahrung typisch sind, gestatten insbesondere am Korallenriff die Nahrungsaufnahme aus kleinsten Spalträumen. In beiden Fällen bietet das Riff seinen Bewohnern ausreichende Lebensbedingungen, namentlich Futter (insbesondere durch pflanzlichen und tierischen Aufwuchs sowie durch die hartbodenbewohnende Mikrofauna und ihre planktischen Larven) und Versteckplätze, die von kleinsten Spalträumen („haptische Höhlen") bis zu geräumigen Höhlen reichen, in denen Fische „optische Geborgenheit" suchen.

Somit bleibt nunmehr die Frage zu stellen, worin auffällige Unterschiede zwischen den Bewohnern der untersuchten Korallenriffe und denen der Felsriffe im M. M. und ihrer Beziehungen zum Substrat bestehen.

Erstens ist an den Korallenriffen ein ungleich größerer Familien- und Artenreichtum festzustellen, der mit der teilweise hohen Abundanz eine wesentlich dichtere Bevölkerung als die der Felsriffe im M. M. bewirkt.

Zweitens ist eine Steigerung der Mannigfaltigkeit der Formen und Farben und eine Zunahme greller Farbtöne zu verzeichnen.

Mit diesem gesteigerten Formenreichtum geht die Möglichkeit unterschiedlicher Bewegungsweisen, namentlich der Lokomotion, konform bzw. tritt am Korallenriff särker in Erscheinung, da diese im M. M. entweder fehlt oder nur von wenigen Vertretern gezeigt wird (z. B. „tetraodontiformes", „balistiformes" Schwimmen).

Charakteristische Landschaftselemente werden von bestimmten Fischarten bevorzugt, und mit Zunahme der Spezialisation der Strukturen bzw. mit dem vielfältigen Angebot sehr verschiedener Hartbodenkonfigurationen an eine gesteigerte Fischmannigfaltigkeit im Korallenmeer wird die Zunahme typischer Bewohner solcher Landschaftselemente („Leitformen der Struktur") verständlich.

Immerhin fehlen dem Hartboden im R. M. die Schotterbänke, die Geröllflächen mit flachen Steinen und die Algenrasen der Felswände des M. M. Der erstgenannte Biotop fällt als Lebensraum infolge seiner Labilität (mahlendes Gestein) aus. Der besonders strukturierte Lebensraum der horizontalen Spalträume zwischen flachen Steinen wird im M. M. von depressen Ansaugern (*Lepadogaster*) bewohnt. Diese horizontalen Spalträume haben im R. M. einen gewissen Ersatz in den engstehenden Ästen der *Acropora*-Polster, deren senkrechte Zwischenräume durch kompresse *Gobiodon*-Arten bewohnt werden. Die dichten, nach allen Seiten hin verzweigten Algen des M. M. mit ihren charakteristischen Besiedlern (*Cristiceps, Crenilabrus*) werden reichlich durch die nach allen Seiten verzweigten Korallen ersetzt. Da diese durch bestimmte Wuchsformen gewissermaßen „genormte" Lückenraumsysteme verschiedener Maschenweite liefern können, finden sich hier mehrere Leitformen (siehe ABEL, 1960, Abb. 22, HIATT u. STRASBURG, 1960, Abb. 8). Die an den Algenwiesen des M. M. weidenden Brassenschwärme (*Boops*) werden durch die *Acanthurus*- und z. T. durch Papageienfischschwärme ersetzt, welche an den kompakten Riffdächern mit dünnem Pflanzenaufwuchs äsen, die Putzerfische des R. M. haben in der Gattung *Coris* und *Crenilabrus* im M. M. einen entsprechenden Ersatz, und die Anemonenfische besitzen in *Gobius bucchichii* und den quallenbewohnenden *Trachurus*-Jungfischen prinzipielle Stellvertreter (Abb. 5).

Lassen wir alle diese Erscheinungen an uns vorüberziehen, so gelangt man zu der Auffassung, daß im Prinzip keine Einmaligkeit der Fische am Korallenriff gegenüber denen am Felsriff im M. M. gegeben ist. Nur sind manche Komponenten in diesen komplexen Beziehungssystemen im M. M. bloß angedeutet, während sie im südlichen Korallenmeer eine bedeutende Steigerung erfahren haben. Diese „Übertreibung", dieses Ausschöpfen von Möglichkeiten zeigt sich in Formen und Farben, Bewegungen, im Nahrungserwerb, im Bewohnen von Strukturen, deren Qualität und Quantität wiederum am Korallenriff gesteigert sind usw.

Damit bleibt am Ende nur noch die Frage offen, wie weit ein Felsriff Korallenfischen als Ersatzbiotop angeboten werden könnte, bzw. ob eine Gruppe der „echten Korallenfische" (LADIGES, 1956) besteht, welche unbedingt auf lebende Korallen angewiesen ist. Bei Durchsicht der Beziehungen, welche die Fische zu ihrem Hartbodensubstrat zeigen, stößt man auf zwei Besonderheiten, welche möglicherweise Minimumfaktoren in der ökologischen Umwelt einiger Arten sein könnten: die Besiedlung ganz bestimmter Korallen-Strukturen und das Fressen von Korallen. Nun sind die wenigen Siedler bestimmter Korallen auf dieses Substrat nicht dermaßen angewiesen, daß sie ohne Korallen nicht leben könnten. Die auffälligsten Formen, wie *Dascyllus aruanus*, *Amphiprion* und

Gobiodon rivulatus, sind bereits lange Zeit ohne Korallen gehalten und z. T. sogar zur Zucht gebracht worden; genau so wenig müssen Bohrmuschellöcher bewohnende Blenniiden in Gefangenschaft Bohrmuschellöcher haben; sie bewohnen eben unter gegebenen Umständen das ihnen zusagenste Substrat und nehmen bei dessen Mangel Ersatzstrukturen an. Kritischer dürfte das Fressen von Korallenpolypen zu bewerten sein, welches unter Umständen eine unbedingte Riffabhängigkeit zu bedeuten hätte. Nun verstehe ich unter unbedingter Abhängigkeit, daß tatsächlich diese Fische nicht auch anderswo vorkommen können, da sie absolut auf die spezielle Nahrung angewiesen sind und kein Ersatzfutter annehmen.

Nun zeigen die diesbezüglichen Ergebnisse von HIATT u. STRASBURG, daß 19 Arten Korallen fressen (8% der Fischfauna), wovon jedoch 10 Arten omnivor sind und nur gelegentlich Korallen fressen, 5 Arten neben reichlicher Korallennahrung auch anderes Futter aufnehmen (meist Algen) und nur 4 Arten (2% der Fischfauna) ausschließlich Korallenreste im Magen hatten. Von diesen 4 Arten geben die Autoren an, daß 2 in Gefangenschaft Ersatznahrung nehmen; die restlichen 2 Arten wurden diesbezüglich nicht geprüft. Ich bin der Meinung, daß dieses Resultat die Annahme rechtfertigt, daß man von keiner unbedingten Abhängigkeit der Fischfauna vom Korallenriff sprechen kann. Wie weit tatsächlich eine strikte Spezialisation gegeben ist (wie beispielsweise opisthobranche Gastropoden ausschließlich auf bestimmte Hydrozoen oder Schwämme angewiesen sind), welche bei Mangel an Korallentieren eine Schädigung bestimmter Fischarten bedingen würde, bleibt auch nach den Untersuchungen von HIATT u. STRASBURG (1960) noch ungewiß. Wenn man diese wenigen Korallenfresser herausgreift (was die genaue Untersuchung der jeweils vorliegenden Arten voraussetzt, da nächstverwandte Arten keinerlei Korallen fressen) und sie als ,,echte Korallenfische" den anderen Fischen gegenüberstellt, ist damit zweifellos eine genauere Unterscheidung getroffen[1]). Das Allgemeinbild der Beziehungen der Fischfauna wird durch die geringe Zahl der ,,echten Korallenfische" kaum geändert; die überwiegende Mehrzahl der Korallenfische (d. h. Bewohner des Korallenriffes) scheint nicht unbedingt von Korallentieren abzuhängen und würde auch mit Felsriffen Vorlieb nehmen.

Das zeigen andeutungsweise Vertreter zahlreicher Korallenfischgattungen, welche im natürlichen Milieu ebenfalls reine Fels-

---

[1] Es bleibt auch bei den ,,echten Korallenfischen" fraglich, wie weit nicht andere Nahrung aufgenommen werden könnte. So konnte SUYEHIRO (1942) in korallenfreien Gebieten Japans abweichende Ernährungsweisen bei *Chaetodon modestus* und dem Papageienfisch *Leptoscarus japonicus* feststellen.

blöcke als Aufenthaltsort wählen; so konnte ich zwischen den Felsblöcken bei der Marinbiologischen Station Ghardaqa *Pteroris, Rhinecanthus assasi, Zebrasoma veliferum, Ostracion tuberculatus, Canthigaster margaritatus, Cheilodipterus novemstriatus, Apogon aureus, Pomacentrus tripunctatus, P. annulatus, Abudefduf saxatilis, Amphiprion bicinctus, Chaetodon auriga, Chaetodon fasciatus, Heniochus acuminatus* und einige unbestimmte juvenile Chaetodontiden vorfinden. Zwischen den Holzpfählen der Stationsstege war ein Rudel *Platax* standorttreu, und über reinem Sandboden wurden *Pteroris, Chaetodon auriga* (bei der Futtersuche) und junge *Rhinecanthus* gesichtet. Dies zeigt, daß die Mehrzahl der Korallenriffbewohner v e r s c h i e d e n e Hartbodenstrukturen, soweit diese einen geeigneten Versteckplatz darstellen, besiedeln, daß sie keine Korallenpolypen benötigen und daß die verschiedenen Fischgestalten keine spezielle Anpassung an die Korallenstrukturen darstellen. Alle Riffbewohner, gleichgültig welche Form oder Farbe sie besitzen, verstehen den Lebensraum des gegliederten Hartbodens für sich zu nützen. Die Verleihung des Prädikats „Korallenfisch" ist nicht leicht zu treffen, da der Begriff „Korallenfisch" nur schwer abzugrenzen ist. Allgemeine Benennungen finden sich bei HIATT u. STRASBURG, die bei den Labriden und Chaetodontiden „as typical of coral reefs as the corals themselves" oder bei den Pomacentriden „coral fishes characteristic of coral reefs" schreiben. Die Bezeichnung „Coralfish" für die systematischen Einheiten der Chaetodontiden und Pomacentriden durch SMITH (1950) übersieht, daß innerhalb dieser Gruppen ökologische Unterschiede bestehen und nicht alle Arten am Korallenriff allein vorkommen. LADIGES (1956) versucht in einer Tabelle handelsüblicher tropischer Meeresfische zum erstenmal, auch innerhalb der Familien ökologisch zu differenzieren. Allerdings ist nicht ersichtlich, weshalb z. B. *Zebrasoma, Abudefduf* oder *Holocentrum* „echte", bei *Blennius* „nur einige Arten echte" Korallenfische sein sollen, *Diodon, Tetraodon* u. a. von diesen aber ausgeschlossen werden, namentlich wo gerade bei diesen nach den Untersuchungen von HIATT u. STRASBURG einige Arten als ausgesprochene Korallenfresser zu gelten hätten.

Es ist ferner nicht einzusehen, weshalb die Pomacentriden als „coral-fishes" unbedingt nur an Korallenriffen vorkommen sollen und dem Leben dort besser angepaßt sind als Drückerfische, Serraniden, Labriden usf., wobei die letzteren nur von HIATT u. STRASBURG als Korallenfische (wenn auch umschrieben) klassifiziert werden.

Diesen Unsicherheiten einer Bewertung würde vielleicht die Bezeichnung „Riff-Fische" ausweichen, da dieser Begriff alle hartbodenbewohnenden Fische, einschließlich der Felsen des M. M. subsummiert. Nur dort, wo eine tatsächlich erwiesene, absolute Abhängigkeit von Korallen besteht und diese Fische an lebende Korallenriffe zwingt, sollte von „echten Korallenfischen" gesprochen werden. Die landläufige Bezeichnung „Korallenfische" wird wohl für die Menge der Korallenriffsiedler erhalten bleiben, die jedoch als „Riff-Fische" in tropischen Meeren aufzufassen sind.

Die spezielle Fischfauna an Korallenriffen dürfte in erster Linie durch das Klima bedingt sein, welches bestimmte Fischarten und die Bildung von Korallenriffen begünstigt; die Riff-Fische bewohnen einfach die im Korallenmeer vorhandenen Hartböden, und die Besiedlung der Felsen des M. M. durch Korallenfische scheint vor allem eine Frage der Klimagewöhnung zu sein. Härtere Vertreter haben ihren Platz dort bereits gefunden: *Thalassoma pavo*, *Anthias anthias*, *Apogon imberbis* sind im südlichen, *Coris julis* und *Chromis chromis* auch im nördlichen M. M. zu treffen. Von den Plectognathen finden sich im M. M. *Mola mola*, *Balistes capriscus*, *Tetraodon lagocephalus* und *T. guttifer;* von den Papageienfischen ist *Callyodon cretensis* vertreten. Nach SOLJAN (1948) wurden in der Adria auch *Diodon hystrix*, *Ostracion quadricornis* und *Chaetodon* gefischt; TARDENT (1959) fing bei Neapel *Abudefduf saxatilis*, der aus dem R. M. stammte.

Damit wird keineswegs bestritten, daß die Korallenfische optimale Verhältnisse am Korallenriff vorfinden; wie weit die Mannigfaltigkeit der Landschaft (Reichtum der Strukturen), der Fischgestalten und Verhaltensweisen als Steigerung gegenüber den Felsriffen des M. M. und seiner Bewohner zu betrachten ist oder dieser als spezielle ökologische Einheit entgegenzustellen ist, kann nur die Wertung des einzelnen Beurteilers entscheiden. „Speziell" ist schließlich die ökologische Umwelt jeder einzelnen Art, strenge genommen jedes Individuums, da keine Umwelt mit der eines anderen Fisches völlig identisch ist. Als Minimumfaktor für das Bestehen der Art sind die Korallen jedoch nur in den wenigsten Fällen („echte Korallenfische") anzusehen.

Literatur

ABEL, E. F., 1959: Zur Kenntnis der Beziehungen der Fische zu Höhlen im Mittelmeer. Publ. Staz. Zool. Napoli *30*, Suppl., S. 519—528.
— 1960a: Zur Kenntnis des Verhaltens und der Ökologie von Fischen an Korallenriffen bei Ghardaqa (Rotes Meer). Z. Morph. Ökol. Tiere *48*, S. 430—503.

ABEL, E. F., 1960b: Liaison facltative d'un Poisson (*Gobius buccichii* STEIN-DACHNER) et d'un Anémone (*Anemonia sulcata* PENNANT) en Méditerranée. Vie et Milieu *11*, 4, S. 518—531.
— 1962: Freiwasserbeobachtungen an Fischen in einer Bucht im Golf von Neapel als Beitrag zur Kenntnis ihrer Ökologie und ihres Verhaltens. Int. Revue ges. Hydrob. *47*, 2.
ABEL, O., 1929: Paläobiologie und Stammesgeschichte. Jena.
BARDACH, I. E., 1958: On the movements of certain Bermuda reef-fishes. Ecology *39*, S. 139—146.
BAUER, V., 1929: Das Tierleben auf den Seegraswiesen des Mittelmeeres. Zool. Jb. *56*, S. 1—43.
BEEBE, W., 1935: 923 Meter unter dem Meeresspiegel. Leipzig: Brockhaus Verlag.
BOEKER, H., 1935: Einführung in die vergleichende biologische Anatomie der Wirbeltiere, I. u. II., Jena.
BREDER, C. M., 1927: The locomotion of fishes. Zoologica (N. Y.) *4*, S. 159 bis 297.
— 1927: Notes on fishes from three panama localities. Zoologica (N. Y.) *4*, S. 137—158.
— 1949: On the relationship of social behaviour to pigmentation in tropical shore fishes. Bull. Amer. Mus. nat. Hist. (N. Y.) *94*, S. 83—106.
CLARK, E., 1950: Notes on the behaviour and morphology of some West-Indian plectognath fishes. Zoologica (N. Y.) *35*, S. 159—168.
CLARK, E. and GOHAR, H., 1953: The fishes of the Red Sea: Order Plectognathi. Publ. Marine Stat. Ghardaqa *8*.
COLLINGWOOD, C., 1868: Rambles of a naturalist on the shores and waters of the China sea. London.
CROSSLAND, C., 1938: The coral reefs at Ghardaqa, Red Sea. Proc. Zool. Soc. London, Ser. A, *108*, S. 513—523.
DAVENPORT, D. and NORRIS, K. S., 1958: Observations on the symbiosis of the sea anemone *Stoichactis* and the pomacentrid Fish *Amphiprion percula*. Biol. Bull. *115*, S. 397—410.
DIEUZEIDE, R. et GOEAU-BRISSONNIERE, W., 1951: Les Prairies de Zostres naines et de Cymodocés („Mattes") aux envirous d'Alger. Bull. des Travaux Publiés par la Stat. d'Aquicult. et de pêche de Castiglione, Nouv. Sér. 3.
DIEUZEIDE, R., NOVELLA, M. et ROLAND, I., 1953—1955: Catalogue des Poissons des Côtes algériennes. Bd. I—III. Bull. des Travaux Publiés par la Stat. d'Aquicult. et de pêche de Castiglione (Alger).
EIBL-EIBESFELDT, I., 1955: Über Symbiosen, Parasitismus und andere besondere zwischenartliche Beziehungen tropischer Meeresfische. Z. Tierpsych. *12*, S. 203—219.
— 1959: Der Fisch *Aspidontus taeniatus* als Nachahmer des Putzers *Labroides dimidiatus*. Z. Tierpsych. *16*, S. 19—25.
— 1960: Beobachtungen und Versuche an Anemonenfischen *(Amphiprion)* der Malediven und der Nicobaren. Z. Tierpsych. *17*, 1, S. 1—10.
FIEDLER, K., 1955: Vergleichende Verhaltensstudien an Seenadeln. Schlangennadeln und Seepferdchen *(Syngnathidae)*. Z. Tierpsych. *11*, 3. S. 358—416.

FRANZISKET, L., 1959: Experimentelle Untersuchung über die optische Wirkung der Streifung beim Preußenfisch (*Dascyllus aruanus*). Behaviour *15*, 1/2, S. 77—81.

FRISCH, K. v., 1913: Über die Farbanpassung des *Crenilabrus*. Zool. Jb. Abt. allg. Zool. u. Physiol. *33*, S. 150—164.

GERLACH, S., 1959: Über das tropische Korallenriff als Lebensraum. Zool. Anz. Suppl. *23*, S. 356—363.

GOHAR, H. A. F., 1948: Commensalism between fish and anemone (with a description of the eggs of *Amphiprion bicinctus* RÜPPELL). Publ. Marine Biol. Stat. Ghardaqa *6*, S. 35—44.

GRAEFFE, E., 1888: Übersicht der Seetierfauna des Golfes von Triest nebst Notizen über Vorkommen, Lebensweise, Erscheinungs- und Fortpflanzungszeit der einzelnen Arten. Arbeiten aus den Zool. Inst. Univ. Wien u. der Zool. Stat. Triest *7*, S. 445—470.

HEDIGER, H., 1934: Zur Biologie und Psychologie der Flucht bei Tieren. Biol. Zentralbl., *54*. Bd., H. 1|2, S. 21—40.

HIATT, R. and STRASBURG, D., 1960: Ecological relationships of the fish fauna on coral reefs of the Marshall-Islands. Ecol. Monogr. *30*, S. 65—127.

HOLST, E. v., 1950: Quantitative Messung von Strömungen im Verhalten der Fische. Symposia Soc. exper. Biol. *4*, S. 143—172.

KENT, S., 1897: The naturalist in Australia. London. S. 219—221.

KIRCHSHOFER, R., 1954: Ökologie und Revierverhältnisse beim Schriftbarsch (*Serranus scriba* Cuv.). Österr. Zool. Z. Bd. *5*, H. 3, S. 329—349.

KLAUSEWITZ, W., 1957: Feuerfische der Gattung *Dendrochirus* und *Pterois*. Aquar. u. Terr. Z. *10*, S. 319—323.

— 1958: Der Strahlen-Feuerfisch, *Pterois radiata*, eine interessante Neueinführung. Aquar. u. Terr. Z. *11*, S. 48—51.

— 1958: Die Atollriffe der Malediven. Natur u. Volk *88*, S. 380—390.

— 1959: Systematische-evolutive Untersuchungen über die Abstammung einiger Fische des R. M. Verh. Deutsch. Zool. Ges. Münster/Westf., S. 175—182.

— 1959: Fische aus dem Roten Meer. I. Knorpelfische (*Elasmobranchii*). Senck. Biol. Bd. *40*, Nr. 1/2, S. 43—50.

— 1959: Fische aus dem Roten Meer. II. Knochenfische der Familie *Apogonidae* (Pisces, *Percomorphi*). Senck. Biol. Bd. *40*, Nr. 5/6, S. 251—262.

— 1959: Biologische Bedeutung der Färbung der Korallenfische. Zool. Anz. *22*, Suppl. Bd., S. 229—333.

— 1960: Fische aus dem Roten Meer. III. *Tripterygion abeli* n. sp. (Pisces, *Blennioidea, Clinidae*). Senck. Biol. Bd. *41*, Nr. 1/2, S. 11—13.

— 1960: Fische aus dem Roten Meer. IV. Einige systematisch und ökologisch bemerkenswerte Meergrundeln (Pisces, *Gobiidae*). Senck. Biol. Bd. *41*, Nr. 3/4, S. 149—162.

KLUNZINGER, C. B., 1870/71: Synopsis der Fische des Rothen Meeres. Verh. Zool. Bot. Ges. Wien *20* u. *21*.

— 1884: Die Fische des Rothen Meeres. I. Teil, *Acanthopteri veri*. Stuttgart.

KOENIG, O., 1960: Verhaltensuntersuchungen an Anemonenfischen. Die Pyramide, Innsbruck, Jg. 8, H. 2, S. 52—56.

KÜHNELT, W., 1940: Aufgaben und Arbeitsweise der Ökologie der Landtiere. Biologe *24*, S. 108—117.
— 1943: Die Leitformenmethode in der Ökologie der Landtiere. Biologia generalis *17*, S. 106—146.
— 1953: Ein Beitrag zur Kenntnis tierischer Lebensformen. Verh. Zool. Bot. Ges. Wien, Bd. *93*, S. 57—71.
LADIGES, W., 1956: Tropische Meeresfische. Stuttgart: Alfred Kernen.
LAHAYE, J., 1960: Contribution a l'etude des Crénilabres méditerranééus; genre *Symphodus* (fam. Labridés). Vie et Milieu *11*, 4, S. 546—593.
LONGLEY, W. H., 1910: The significance of the colors of tropical reef fishes. Carnegie Inst. Year Book *15* für 1915, S. 204.
— 1918: Haunts and habits of tropical fishes. Observations of an explorer, equipped with a diving hood, in the unknown world of coral labyrinths at the bottom of the sea. Amer. Mus. J. *18*, S. 79—88.
LÜLING, K. H., 1958: Morphologisch-anatomische und histologische Untersuchungen am Auge des Schützenfisches *Toxotes jaculatrix* (PALLAS 1766) (*Toxotidae*) nebst Bemerkungen zum Spuckgehaben. Z. Morph. u. Ökol. Tiere *47*, S. 529—610.
LUTHER, W., 1958: Symbiose von Fischen (*Gobiidae*) mit einem Krebs (*Alpheus djiboutensis*) im Roten Meer. Z. Tierpsych. *15*, S. 175—177.
MANTON, S. M. and STEPHENSON, T. A., 1935: Ecological surveys of coral reefs. Sci. Rep. G. Barrier Reef exp. 1928/29, Brit. Mus. *3*, S. 273—312.
MARENZELLER, E., 1907: Riffkorallen des Roten Meeres. Ber. der Kommission f. Ozeanograph. Forschungen 9. Reihe („Pola"-Expedition 1895—1898), Denkschr. ksl. Akad. Wiss. Wien *80*.
MAYOR, A. G., 1924: Structure and ecology of Samoan reefs. Dep. Mar. Biol. Carnegie Inst. *340*, 19, S. 1—25.
MEYER-HOLZAPFEL, M., 1960: Über das Spiel bei Fischen, insbesondere beim Tapirrüsselfisch (*Mormyrus kannume* Forskal). Der Zool. Garten (NF), Bd. *25*, 4, S. 189—202.
MIRAGLIA, L., 1935: Nuovo sistema di osservacione e di caccia subacquea. Boll. di Pesca, di Piscicoltura e di Idrobiologia. S. 225—317.
ODUM, H. and ODUM, E., 1955: Trophic structure and productivity of a windward coral reef community on eniwetok atoll. Ecolog. Monographs *25*, S. 291—320.
PFEIFFER, W., 1960: Über die Schreckreaktion bei Fischen und die Herkunft des Schreckstoffes. Z. vergl. Physiol. *43*, S. 578—614.
PETERS, H. M., 1941: Fortpflanzungsbiologische und tiersoziologische Studien an Fischen. Z. Morph. Ökol. *37*, S. 387—425.
PORTMANN, A., 1956: Tarnung im Tierreich. Reihe verständl. Wiss. *61*, Berlin, Springer.
RANDALL, J. E., 1955: Fishes of the Gilbert Islands. Atoll Res. Bull. *47* S. 243.
— 1956: A Revision of the Surgeon Fish Genus *Acanthurus*. Pacific Sc. X, No 2, S. 159—235.
— 1958: A Review of the Labrid Fish Genus *Labroides*, with Descriptions of Two New Species and Notes on Ecology. Pacific Sc. XII, S. 327—347.

RANDALL, J. E. and H. A., 1960: Examples of Mimicry and Protective Resemblance in Tropical Marine Fishes. Bull. Mar. Sc. Gulf and Caribbean *10*, No 4, S. 444—480.
RANDALL, J. E. and BROCK, V. E., 1960: Observations on the Ecology of Epinepheline and Lutjanid Fishes of the Society Islands, with Emphasis on Food Habits. Transactions Amer. Fisheries Soc. *89* (1), S. 9—16.
RANSONNET-VILLEZ, E. v., 1868: Ceylon, Skizzen seiner Bewohner, seines Thier- und Pflanzenlebens und Untersuchungen des Meeresgrundes nahe der Küste. Braunschweig.
REMANE, A., 1943: Die Bedeutung der Lebensformtypen für die Ökologie. Biologia generalis *17*, S. 164—183.
RÜPPELL, E., 1828: Atlas zu der Reise im nördlichen Afrika. Fische des Rothen Meeres. Frankfurt a. Main, S. 1—144.
— 1835—1840: Neue Wirbelthiere zu der Fauna von Abyssinien gehörig. Fische des Rothen Meeres. Frankfurt a. Main, S. 1—148.
SCHNAKENBECK, W., 1955: Pisces. In Handbuch der Zoologie von W. KÜKENTHAL, 6, 1. Hälfte, S. 559—570, 660—712, 742—747, 809—824.
SMITH, J. L. B., 1950: The sea fishes of Southern Africa. Second impression, Central News Agency, Ltd. South Africa.
SOLJAN, T., 1930: Nestbau eines adriatischen Lippfisches — *Crenilabrus ocellatus* Forsk., Z. Morph. u. Ökol. Tiere *17*, S. 145.
— 1931: Brutpflege und Nestbau bei *Crenilabrus quinquemaculatus*. Z. Morph. u. Ökol. Tiere *20*, S. 132—135.
— 1932: *Blennius galerita* L., poisson amphibien des zones supralitorale et litorale exposees de l'Adriatique. Acta Adriatica *2*, S. 1—14.
— 1948: Ribe Jadrana. Inst. oceanographiju Ribarstvo, Split.
STEINITZ, H. and BEN-TUVIA, A., 1952: Report on a collection of fishes from Eylath (Gulf of Aqaba), Red Sea. Bull. No 2, Sea Fisheries Research Stat., S. 2—12.
STEINITZ, H., 1955: Fishes from Eylath (Gulf of Aqaba), Red Sea. Bull. No 11, Sea Fisheries Research Stat., S. 3—15.
SUYEHIRO, Y., 1942: A study on the digestive system and feeding habits of fish. Japanese Jour. Zool. *10* (1), S. 303.
TARDENT, P., 1959: Capture d'un *Abudefduf saxatilis vaigiensis* Q. und G. (Pisces, *Pomacentridae*) dans le Golfe de Naples. Rev. Suisse Zool. *66*, no 20, S. 347—351.
TEE-VAN, J., 1932: Color changes in the Blue-Head Wrasse, *Thalassoma bifasciatum* Bl. Bull. N. Y. Zool. Soc. *35*, S. 43.
VERWEY, J., 1930: Coral reef studies. I. The symbiosis between Damselfishes and Sea Anemones in Batavia Bay. Treubia Receuil Trav. Hydrob. et Oceanograph. Buitenzorg *12*, S. 305—353.
— 1931: Coral reef studies. II. The depth of coral reefs in relation to their oxygen consumption and penetration of light in the water. Treubia Receuil Trav. Zool. Hydrob. et Oceanograph. Buitenzorg *13*, S. 169—216.
WASMUND, E., 1938: Entwicklung der Naturforschung unter Wasser im Tauchgerät. Geol. Meere u. Binnengewässer *2*, S. 87—151.
WHITLEY, G. P., 1959: More Ichthyological Snippets. Proc. Royal Zool. Soc. New South Wales, S. 11—26.

WICKLER, W., 1960: Die Stammesgeschichte typischer Bewegungsformen der Fisch-Brustflosse. Z. Tierpsych. *17*, H. 1, S. 31—66.
— 1960: Aquarienbeobachtungen an *Aspidontus*, einem ektoparasitischen Fisch. Z. Tierpsych. *17*, H. 3, S. 277—292.
WIESER, W., 1959: Zur Ökologie der Fauna mariner Algen mit besonderer Berücksichtigung des Mittelmeeres. Intern. Rev. d. ges. Hydrobiol. **44**, H. 2, S. 137—180.
WINN, H. E., 1955: Formation of a mucous envelope at night by Parrot fishes. Zoologica (NY) *40*, S. 145—147.
WOJTUSIAK, H. und R. I., 1939: Über die Schatten- und Lichtreaktionen und ihre biologische Deutung. Zoologica Polon. *3*.
YOUNGE, C. M., 1930: A year on the Great Barrier Reef. London.

Die in den Sitzungsberichten Abtlg. I und Abtlg. II der math.-nat. Klasse der Österr. Ak. d.Wiss. erscheinenden Abhandlungen werden auch einzeln abgegeben. Sie können durch jede Buchhandlung oder direkt durch die Auslieferungsstelle der Österreichischen Akademie der Wissenschaften (Wien I, Singerstraße 12) bezogen werden.

Nachfolgende Abhandlungen aus dem Fache **Botanik** (Biologie) sind erschienen:

1955 (S I Bd. 164):

Hölzl J.: Über Streuung der Transpirationswerte bei verschiedenen Blättern einer Pflanze und bei artgleichen Pflanzen eines Bestandes (mit 8 Textabbildungen). S 40.—
Huber Elfriede: Vitalfärbungsversuche an Hochmooralgen mit leeren und vollen Zellsäften (mit 13 Abbildungen auf 3 Tafeln). S 36.40
Kiermayer O.: Über die Reduktion basischer Vitalfarbstoffe in pflanzlichen Vakuolen (mit 4 Tafeln und 1 Farbtafel). S 25.20

1956 (S I Bd. 165):

Abel W. O.: Die Austrocknungsresistenz der Laubmoose (mit 14 Abbildungen im Text und auf 5 Tafeln). S 73.30
Fetzmann Elsa Leonore: Beitrag zur Algensoziologie (mit 3 Textabbildungen, 4 Tafeln und 1 Beilage). S 73.60
Lenk Ingeborg: Vergleichende Permeabilitätsstudien an Süßwasseralgen (Zygnemataceen und einige Chlorophyceen) (mit 7 Textabbildungen). S 83.60
Sperlich A.: Die Fortpflanzungstüchtigkeit (Phyletische Potenz) des Fremdbefruchters. Nach Versuchen mit drei Formen des Alectorolohus hirsutus (Lam.) Alb. S 58.90

1957 (S I Bd. 166):

Politis J.: Über die „Tanninoplasten" oder Gerbstoffbildner der Crassulaceae (mit 2 Textabbildungen und 1 Tafel). S 6.—
Politis J.: Über einen neuen Pflanzenfarbstoff in den Blüten einiger Verbascum-Arten (mit 2 Tafeln). S 5.20
Übeleis Ilse: Osmotischer Wert Zucker- und Harnstoffpermeabilität einiger Diatomeen (mit 1 Textabbildung). S 30.40

1958 (S I Bd. 167):

Höfler Karl: Permeabilitätsstudien an Parenchymzellen der Blattrippe von Blechnum spicant (mit 5 Textabbildungen). S 45.—
Rechinger K. H., Dulfer H. und Patzak A.: Širjaevii fragmenta astragalogica IV. S 38.10
Url Walter: Zur Wirkung der Atmungsgifte Natriumazid und Dinitrophenol auf die Permeabilität von Blechnum spicant-Zellen (mit 3 Textabbildungen). S 25.—
Wawrik Friederike: Hochgebirgs-Kleingewässer im Arlberggebiet III (mit 3 Textabbildungen und 1 Tafel). S 18.90

1959 (S I Bd. 168):

Biebl Richard: Röntgenstrahlenwirkungen auf Commelinaceenstecklinge (Total- und Partialbestrahlungen) (mit 9 Tabellen und 5 Textabbildungen). S 31.20
Höfler Karl: Über die Gollinger Kalkmoosvereine (mit 1 Textabbildung und 1 Tafel). S 34.50
Höfler Karl und Fetzmann Elsa Leonore: Algen-Kleingesellschaften des Salzlackengebietes am Neusiedler See I (mit 1 Tafel). S 21.50
Hustedt Friedrich: Die Diatomeenflora des Salzlackengebietes im österreichischen Burgenland (mit 31 Textabbildungen und 1 Tafel). S 53.90
Luhan Maria: Zur Wurzelanatomie unserer Alpenpflanzen. IV. Compositae (mit 9 Textabbildungen und 4 Tafeln). S 36.90
Pfoser Karl: Vergleichende Versuche über Verholzungsreaktionen und Fluoreszenz (mit 2 Textabbildungen und 2 Tafeln). S 18.70
Rechinger K. H., Dulfer H. und Patzak A.: Širjaevii fragmenta astragalogica. S 29.40
Wendelberger Gustav: Die Vegetation des Neusiedler See-Gebietes. S 7.20

1960 (S I Bd. 169):

Bolay Erika: Die Vitalfärbung voller Zellsäfte und ihre cytochemische Interpretation (mit einer Textabbildung und 5 Tafeln). S 49.—
Ehrendorfer F.: Neufassung der Sektion Lepto-Galium Lange und Beschreibung neuer Arten und Kombinationen (zur Phylogenie der Gattung Galium, VII). S 12.—
Franz Gertrude: Die Mikroflora einiger Standorte im Leithagebirge in ihrer Abhängigkeit von Boden und Vegetationsdecke (mit 22 Textabbildungen). S 88.—
Pruzsinszky S.: Über Trocken- und Feuchtluftresistenz des Pollens (mit 12 Abbildungen auf 6 Tafeln). S 63.40

If you have any concerns about our products,
you can contact us on
ProductSafety@springernature.com

In case Publisher is established outside the EU,
the EU authorized representative is:
**Springer Nature Customer Service Center GmbH
Europaplatz 3, 69115 Heidelberg, Germany**

Printed by Libri Plureos GmbH
in Hamburg, Germany